NIFDC
中国药检

科学检验精神丛书

为民·求是·严谨·创新

Serving   Seeking   Scientific   Innovation
the Public   Truth   Attitude

严谨相依

——永远的职业坚守

中国食品药品检定研究院　组织编写
李云龙　总主编
黄富强　主　编

中国医药科技出版社

内容提要

严谨是科学检验精神的品格。检验需要严谨品格，需要保障机制。揭开严谨的面纱，你会看到严谨是一种科学态度，是一种优良作风，是一种人生哲学，是你在生活、工作、学习中智慧火花迸发的导索。本书是《科学检验精神丛书》之《严谨篇》。

本书以全球性的视角和轻松、流畅的笔调，全面而生动地阐释了严谨、严谨检验、严谨品格、严谨文化及其保障机制的基本内容、历史渊源、现实意义等，从而把读者引进严谨那神奇又深远的历史的天空和现实的世界。

本书的另一特色是收集了来自全国食品药品检验工作者写的关于严谨的精短言论近200 条，这是集体智慧的火花。

本书适合从事食品药品检验工作者参考与培训，也适合关注食品药品检验行业的人士阅读。

图书在版编目（CIP）数据

严谨相依——永远的职业坚守 / 黄富强主编 . — 北京：中国医药科技出版社 , 2015.6

（科学检验精神丛书 / 李云龙主编）

ISBN 978-7-5067-7339-3

Ⅰ . ①严⋯ Ⅱ . ①黄⋯ Ⅲ . ①食品检验—研究—中国 ②药品检定—研究—中国 Ⅳ . ① TS207.3 ② R927.1

中国版本图书馆 CIP 数据核字（2015）第 052305 号

美术编辑 陈君杞

版式设计 锋尚设计

出版 中国医药科技出版社

地址 北京市海淀区文慧园北路甲 22 号

邮编 100082

电话 发行：010-62227427 邮购：010-62236938

网址 www.cmstp.com

规格 787×1092mm $^1/_{16}$

印张 13$^1/_2$

字数 143 千字

版次 2015 年 6 月第 1 版

印次 2015 年 6 月第 1 次印刷

印刷 北京盛通印刷股份有限公司

经销 全国各地新华书店

书号 ISBN 978-7-5067-7339-3

定价 62.00 元

《科学检验精神丛书》编委会

《严谨相依——永远的职业坚守》编委会

主编单位　江西省药品检验检测研究院

主　　编　黄富强（江西省药品检验检测研究院）

副 主 编　杨平荣（甘肃省药品检验研究院）

　　　　　　佟焕明（江西省药品检验检测研究院）

　　　　　　范汉杰（陕西省医疗器械检测中心）

执行主编　刘　坤（陕西省医疗器械检测中心）

　　　　　　马晓平（江西省卫生和计划生育委员会）

编　　委　黄　洁（甘肃省药品检验研究院）

　　　　　　周　尚（总后卫生部药品仪器检验所）

　　　　　　余　冬（河南省医疗器械检验所）

　　　　　　盖宾杰（河北省食品药品检验研究院）

　　　　　　杨毅生（江西省药品检验检测研究院）

　　　　　　刘绪平（江西省药品检验检测研究院）

　　　　　　张　静（江西省药品检验检测研究院）

　　　　　　黄羽佳（江西省药物研究所）

　　　　　　车小磊（江西省药品检验检测研究院）

序

食品药品安全是人命关天的事，是天大的事。食品药品安全状况综合反映公众生活质量，事关人民群众身体健康和生命安全，事关社会和谐稳定。党的十八大以来，以习近平同志为总书记的党中央高度重视食品药品安全监管工作，把民生工作和社会治理作为社会建设两大根本任务，大力推进食品药品安全监管体制机制改革。十八届三中、四中全会将食品药品安全纳入了"公共安全体系"，改革多头管理格局，建立完善统一权威的食品药品安全监管体系，建立最严格的覆盖全过程的监管制度。全面深化改革、全面推进依法治国、进一步促进国家治理体系现代化，这些都对食品药品监管工作提出了新的要求。我们要清楚认识当前食品药品安全基础仍然薄弱、新旧风险交织的客观现实，同时，我国食品药品监管事业亦正面临难得的历史发展机遇期。

食品药品检验是食品药品监管至关重要的技术支撑力量，是保证食品药品安全的极其重要的最后一道防线。全国食品药品检验系统广大干部职工，60年励精图治、艰苦奋斗、无私奉献，充分发挥技术支持、技术监督、技术保障和技术服务作用，为保障人民群众饮食用药安全做出突出贡献，全系统也逐渐形成、沉淀和凝结了极其宝贵的精神财富和现代化专业能力。"中国药检"品牌已在国内外形成良好影响和认可。

作为全国食品药品检验领域的"领头羊"，中国食品药品检定研究院带领全国系统总结60年发展历程，归纳提出"为民、求是、严谨、创新"

的科学检验精神。食品药品科学检验精神是社会主义核心价值观在食品药品检验领域的职业体现和生动实践。中国食品药品检定研究院组织全国系统编写《科学检验精神丛书》（简称《丛书》），这是对食品药品科学检验精神的诠释与挖掘。《丛书》集思想性、实践性、知识性和趣味性于一体，是一部理论与实践相结合，历史与现实、未来相呼应，可读性较强的系列丛书，对进一步推动我国食品药品检验事业持续健康发展具有引领和指导作用。

　　《丛书》的编写出版十分难得，是我国食品药品检验领域的一件大事。希望全国食品药品检验工作者，努力践行科学检验精神，使之贯穿于检验工作全过程各个环节，并在实践中不断丰富和发展，为我国食品药品安全做出新的更大的贡献！愿《丛书》的出版，对于食品药品检验机构及其科技工作者，乃至关心和期盼饮食用药安全的公众及社会各界，都具有一定的指导意义和参考价值。

中国工程院院士

2014年12月

科学检验精神的总结提出，是中国食品药品检定研究院（以下简称中检院）及全国食品药品检验系统集体智慧的结晶。

经过60多年发展与进步，我国食品药品检验机构的检验检测能力和水平不断提高，有力支撑了食品药品监管事业的持续健康发展，为保障公众饮食用药安全做出了突出贡献。在这一过程中，各级检验机构，一代又一代检验工作者艰苦奋斗、励精图治、无私奉献，凝聚了丰富而宝贵的经验，沉积了优良传统和优秀品质。确立科学检验精神就是对这些宝贵经验的总结与提炼，对这些优良传统和优秀品质的继承与升华，以引领和激励我国食品药品检验事业适应新形势的要求，不断推动其持续、健康和科学发展。

"为民"是科学检验精神的核心；"求是"是科学检验精神的本质；"严谨"是科学检验精神的品格；"创新"是科学检验精神的灵魂。科学检验精神的要义是立足科学，着眼检验，突出精神。它是在检验检测实践中，以科学为准则所形成的共同信念、价值标准和行为规范的总称；是科学精神的职业体现和表现形式，是从事食品药品检验的机构及其检验工作者在长期履职实践中形成的一种行业文化。科学检验精神是"中国药检"文化建设的内核。是食品药品科学监管理念的丰富与发展，更是体现时代精神、符合检验行业特点的核心价值观，是社会主义核心价值观的职业体现和生动实践。

科学检验精神的形成与探索大体经历了以下三个阶段。

第一阶段　总结提出

从2008年开始，在中检院前身原中国药品生物制品检定所的带领和推动下，全国药品检验系统对检验理念和发展思路展开了深入思考和讨论。2010年10月组织发起了科学检验理念研究的征文活动。2011年中期，中检院在前期征文的基础上组织系统内外专家对科学检验精神进行了集中研究，基本确定了科学检验精神的表述及其内涵。2011年12月，在"2012年全国食品药品医疗器械检验工作电视电话会议"上，正式提出了《确立科学检验精神，引领食品药品检验事业科学发展》的要求，并在2012年第六期《求是》杂志上发表了署名文章。

第二阶段　科学研究

2012年7月，中检院《学科带头人培养基金》予以立项，最终确定了29个子课题。而后动员全国食品药品检验系统对科学检验精神开展了进一步的研究探索。系统内外共有53个单位，300多人次参加了研究。课题于2014年初全部通过验收。期间，我应邀在检验及食品药品监管系统相关单位多次作了《科学检验精神要点解析》的报告，结合实际对科学检验精神作了深入浅出的解读和阐释，用以推动对科学检验精神的进一步理解和践行。

第三阶段　著书立说

为了梳理和总结相关研究成果，推动科学检验精神的不断丰富与完善，2014年年初开始，中检院组织全国系统相关单位编写《科学检验精神丛书》(简称《丛书》)。《丛书》分《为民篇》《求是篇》《严谨篇》《创新篇》4个分册。并采取申报和竞争择优的方式,确定深圳市药品检验所、天津市药品检验所、江西省药品检验检测研究院和广东省医疗器械质量监督检验所四个单位为分册主编单位。并有青海省食品药品检验所、总后卫生部药品仪器检验所和中共青海省委党校、江西省卫生和计划生育委员会等25个单位52人共同参与了编写工作。

科学检验精神来源于实践,引领实践,并在实践中接受检验。它的活力和生命力就在于在检验检测的实践中不断完善、丰富与发展。虽然全国食品药品检验系统,尤其是主持和参与《丛书》编写同仁们为此付出了艰辛而创造性的劳动与努力,做出了历史性的贡献。但科学检验精神的探索和实践"永远在路上"。由于水平有限,《丛书》阐述的内容会有不当和疏漏之处,有待修订再版时补充完善。诚恳地希望《丛书》的出版,能够为我国食品药品检验领域理念和实践创新提供有价值的思路;能够为我国食品药品检验事业可持续发展提供思想动力、精神力量和智力支持;能够用科学检验精神进一步凝聚"中国药检"的品牌力量;能够为"中国药检"理念走向世界奠定基础、创造条件。为保障公众饮食用药安全乃至全人类的健康事业做出新的更大的贡献!

李云龙

2014年12月

目　录

篆刻作者：黄建忠

第一章

日照江河　严谨定天

　　您打开本书，扑面而来的是一股蕴含着浓浓的知识性、趣味性和检验实验室气息的严谨之风。严谨的内涵如天空一般博大而高远，如大海一样宽广而深邃，令无数的追求者肃然起敬，奉为圭臬。严谨是人类的一种美好品格，是人性美的自然回归，是科学技术工作者的基本素养，也是社会进步的推动力量，它在人类生活和技术进步中建功立业，青春永驻。

致严谨

我们

追逐严谨的目光

聚焦　碰撞

你的博大　富有

让我们痴迷　向往

你是一座富矿

我们要细细地开采

让你的宝藏

发光于广袤的土壤

你是一条大江

将原野山川滋养

我们要撷取你的浪花

去千万条小河小溪

歌唱

你是一位饱经沧桑的长者

仙风道骨

我们要读懂

你的情爱　念想

让你牵手

奔向远方

第一节　严谨的内涵

或许，我们无法说清究竟如何才是严谨，对严谨的理解也是仁者见仁，智者见智，没有统一的定义，但我们却知道，凡举大事都必严其始慎其终。无论是历史还是现实，我们都可以在一卷卷巨著之中，在一位位巨人身上，在一次次成功背后，明悟严谨的真谛，感受严谨的力量。

《资本论》是卡尔·海因里希·马克思的主要著作。在这部巨著中，他阐明了资本主义社会的经济运动的规律，揭示了无产阶级与资产阶级对立的经济根源以及资本主义生产方式的产生、发展和必然灭亡的历史趋势，阐明了无产阶级的阶级地位、历史使命和社会主义运动必然胜利的历史规律。恩格斯在评论《资本论》时曾说："社会主义在这里第一次得到科学的论述"。要知道，《资本论》凝聚了马克思40年的心血。1850年5月，马克思领到了一张英国伦敦博物馆的阅览证，从此，阅览室成了他的半个家，他每天从上午9点一直工作到晚上8点左右，回到家里还要整理阅读材料所记录的笔记，一般情况，他都是到深夜二三点钟才休息。他每天所摘录的大量资料，都是在为写作《资本论》做准备的。据统计，在世界一流的伦敦博物馆所藏图书中，马克思阅读过的书籍有1500多种，他所摘录的内容和整理的笔记有100余本！

为更好地完成《资本论》，马克思广泛收集有关学科资料，如农艺学、解剖学、历史学、经济学、法律学等。总之，只要与《资本论》有关，不管多么艰难，也要寻找下去，研究下去。马克思不知疲倦地工作着，有时为了核实一个数据，他也要找来多种报章书籍，反复核对。1856年10月，马克思迁居到伦敦西北的肯蒂士镇，这样，离伦敦博物馆更远了。但马克思并未间断工作，他仍然没日没夜地在博物馆里工作着。饿了，啃一口干面包，渴了，喝一杯白开水，疲倦了，就站起来跳两下，然后继续工作。不管是刮风下雨，他都坚持到博物馆去工作。终于，1867年，《资本论》第一卷出版了。

马克思为我们树立严谨的典范，优秀商家也有让人敬重的严谨表现。北京同仁堂集团公司下属几十个药厂的药店，在门厅显眼之处都有这样的一副对联："炮制虽繁不敢省人工，品味虽贵不敢减物力"。这副对联用以警示店员要严格按照规程标准去制作药品，不能偷工减料，这便是同仁堂对自身工作要求严谨的态度表现。它告诉我们要用严谨的工作态度对待自己的工作，不可投机取巧，不能敷衍了事，不能取不义之财。修合无人见，存心有天知。同仁堂享誉数百年，秘诀之一就是对这"百年一诺"的坚守和传承，就在于这种存乎一心的严谨与自律。

德国有一句名言："严谨慎重乃是智慧之母"，表达了严谨的重要意义。中国语言文化博大精深，字面上严谨通常取严肃谨慎之意，由表入里，"严谨"二字也会有诸多内涵延伸，值得我们深入了解。理解严谨的含义首先要将其拆分，总体来看严谨可以涵盖"严"、"谨"两字之和，相互之间彼此守望，既有相近之意也有区别之处。其中"严"可取严紧、严肃、严密、严正、严明之意，"谨"可取慎重、小心、恭谨等意。如何具体明确严谨之意，感受严谨之美，不仅需要从字里行间分析，还要结合不同情境加以理解，更要在实践中身体力行才能有所感悟。

中国古代文献对严谨一词也有许多描述。欧阳修《尚书工部郎中欧阳公墓志铭》："君讳载，字则之，性方直严谨。"句中的"严谨"取严肃谨慎之意；《西游记》第十回："博弈之道，贵乎严谨。"这里的"严谨"则是指严密周到；《京本通俗小说·志诚张主管》："使不得。第一，家中母亲严谨；第二，道不得瓜田不纳履，李下不整冠。……断然使不得！"其中"严谨"更多的是严格。除此之外还有很多严谨的近义词，如精益求精、一丝不苟等，也有详实的表述，可为严谨的解释补充一二。

小贴士

欧阳修（1007~1072），是在宋代文学史上最早开创一代文风的文坛领袖，领导了北宋诗文革新运动，继承并发展了韩愈的古文理论。

成语"精益求精"出自先秦孔子《论语·学而》："如切如磋，如琢如磨。"宋朱熹注："言治丹角者，既切之而复磋之；治玉石者，既琢之而复磨之，治之已精，而益求其精也。"用今天的话说，精即完美；益即更加。精益求精，就是说已经好了还要求更加好，拒绝粗制滥造、得过且过。

成语"一丝不苟"出自清代吴敬梓《儒林外史》第四回："上司访韧，见世叔一丝不苟，升迁就在指日。"用今天的话说，苟即苟且，马虎。一丝不苟就是说做事认真细致，拒绝粗枝大叶、马马虎虎。

《道德经·第六十四章》提到："民之从事，常于几成而败之；慎终如始，则无败事"。孟子有言："譬如掘井，掘之九仞，而不及泉，犹为弃井也。"白居易也说过："慎而思之，勤而行之。"这些经典的话语告诫人们要以严谨的态度做人做事。不仅古人如此，现代各行各业也都倡导严谨的工作态度和作风。不论是国家、社会还是组织、个人，严谨已经成为人们普遍的倡导与要求，它既是工作稳定高效开展的基石，更是勇攀高峰、精益求精的动力。

　　需要注意的是，严谨形容与要求的对象并非仅仅针对个人，我们讨论的严谨具有更为广泛的内涵，国家倡导严谨务实的体制与氛围，行业推进严谨有序的机制与标准，组织强调严谨高效的管理与文化，团队致力严谨的环境与习惯。个人的态度、作风和行为是严谨的终端表达和细节体现，但对严谨的解读可以从个人逐层上升，由近及远，层层递进，最终领会严谨内涵的多个方面。

老子雕像

1. 严谨的本质——逻辑思维的严密性

严谨的本质重在思维上的严密性。思维（thinking）是具有意识的人脑对客观现实概括间接的反映，它反映的是一类事物共同的、本质的属性和事物间内在的、必然的联系，是人用头脑进行逻辑推导的属性、能力和过程。思维是认识的理性阶段，在这个阶段，人们在感性认识的基础上，形成概念，并用其构成判断（命题）、推理和论证。可以说相比行为，思维才是高级生命的核心与本质，两者相互独立又彼此联系。思维和行为是因果关系，有思维才会有行为，思维是行为的前提与指导。把思维用到极致，行为才能完美。

逻辑思维（Logical Thinking），是人们在认识过程中借助于概念、判断、推理等思维形式能动地反映客观现实的理性认识过程，又称理论思维。只有经过逻辑思维，人们才能达到对具体对象本质规定的把握，进而认识客观世界。它是人的认识的高级阶段，即理性认识阶段。

逻辑思维、形象思维和直觉思维是思维的三种基本形式，就严谨而言，逻辑思维的严密性是根本。逻辑思维具有规范、严密、确定和可重复的特点。逻辑思维的特点是以抽象的概念、判断和推理作为思维的基本形式，以分析、综合、比较、抽象、概括和具体化作为思维的基本过程，从而揭露事物的本质特征和规律性联系。它与形象思维不同，是用科学的抽象概念、范畴揭示事物的本质，表达认识现实的结果。逻辑思维是一种确定的而不是模棱两可的、是前后一贯而不是自相矛盾、是有条理有根据的思维。譬如，某人大年三十失窃。报警后警察对甲、乙、丙三嫌疑人进行询问，回答是这样的，甲：我看电视哪也没去。乙：我

严谨就是要求每件工作要做到位，不允许有任何偏差，是一种近乎苛刻的完美。

——北京市医疗器械检验所　柳青

出去遛了一会弯。丙：我趁着月光，看见乙鬼鬼祟祟好像拿了什么东西离开失窃者的家。警察根据三人的不同回答进行逻辑思维推理，得出结论：撒谎者是丙，因为大年三十没有月光。警察之所以得出结论，是因为丙的思维及其回答漏洞百出。

逻辑思维这种可以把握事物本质属性的特点对于严谨的培养与践行意义重大。只有在正确思维方式的基础上，人们才会在纷繁选择中找准前进的方向，做出正确的决定，把握有序的节奏和细节，继而坚定前行。严密的逻辑思维是严谨的本质，它给予坚守严谨者最大的信心保障和理论支持。同时，严谨的逻辑思维能力并非与生俱来，它需要长期系统地培养与锻炼，以及在不同情境下的选择运用。

2. 严谨的基石——系统知识的完整性

良好的逻辑思维能力是求真务实、严谨高效的保证。但依据逻辑思维得到正确有效答案的前提是对客观现实的正确把握，这需要敏锐的观察能力和系统扎实的知识储备。这里所说的知识并不仅指科学知识，而是泛指人类在实践中认识客观世界（包括人类自身）的成果。它包括事实、信息、描述或在教育和实践中获得的技能。完善、系统的知识是正确认知的前提，更是严谨的基石。只有在正确认知的基础上，逻辑思维才会帮助做出正确的判断进而影响行为，如果没有正确的认知，等于在起点就发生偏差，即使过程正确也无法到达正确彼岸。

马克思主义哲学认为，任何事物都与周围其他事物有着这样或者那样的联系，孤立的事物是不存在的，事物内部诸要素之间是相互联系的，整个世界是某个普遍联系的有机整体。从严谨的特征和要求来看，要想将某个知识付于应用，首要的是对它有一个完整的认识。这个完整的认识，不光是知道这个知识里有哪些东西，还要知道为什么有这些东西，这些东西的本质是什么；不光是要了解知识各个相关联的东西，还要从外到内地了解整个知识的结构，找到事物的内在联系。

知识是力量，知识是人类进步的阶梯。人不登高山，不知天之高也；不临深谷，不知地之厚也。想要修成严谨之道，首先应学而不倦，努力提升自身的知识储备，在知识的深度和广度上下功夫，形成知识系统。知识是一点一点积累起来的，要注意打下扎实的基础，不能急于求成。不积跬步无以至千里，不积小流无以成江海，我们要在不断积累中奠定严谨的基础。

知识无止境，世上无全才。古人说"知之为知之，不知为不知，是知也。"对不知道的事情，我们不仅应当老实地承认"不知道"，而且要敢于说"不知道"。承认自己的无知，反而给自己的发展留有余地。学者只有秉持严谨的态度，才能不断地"格物致知"，获得新认识、达到新境界。古人又说"一事不知，学者之耻"，其本意在于鞭策学者不断求索、不断进取。我们要懂得慎言自己的所知，坦言自己的无知，以诚恳踏实的态度对待学习和生活、对待社会实践。处事严谨认真，将给我们带来信任与成功。

3. 严谨的守卫——行为控制的自律性

行为模式，是从大量实际行为中概括出来作为行为的理论抽象、基本框架或标准。严谨要求人的自我控制，也就是对自身的心理与行为的主动掌握，调整自己的动机与行动，以达到所预定的模式或目标。它是一种人格特质，是自己对自身行为与思想言语的控制，具体表现为两个方面：发动作用和制止作用，也就是支配某一行为，抑制与该行为无关或有碍于该行为进行的行为。在这一过程中，通过自我认知、自我体验、自我控制，来调节自己的行为，使行为符合群体规范，符合社会道德要求。自我控制在很大程度上要求克己，即克制和约束自己，严格要求自己，不使自己有消极之念、非分之想、过激言行，增强对自我的约束能力，避免对事物反应过度。

自控能力是自我意识的重要组成部分，是个体自觉地选择目标，在没有外界监督的情况下，适当地控制、调节自己的行为，抑制冲动、抵制诱惑，保证目标实现的一种综合能力，表现在认知、情感、行为等方面。一个人只有正确地认识和评价自己，才能提高自我控制的动机水平。

"克己修身"是中国古典儒家文化中的重要内容。《论语》讲到颜渊问仁，孔子答曰："克己复礼为仁。一日克己复礼，天下归仁焉。为仁由己，而由人乎哉？"克己自律是严谨的守卫。只有懂得自我控制的人才会是真正的强者，不会因为私欲、情绪等影响自己的行为，才能执礼身正，言行有据，恰到好处。修身克己，需要"诚意"、"正心"，需要"慎其独"，需要持之以恒，身体力行。如无自律，何来严谨？

严谨就是"慎为"。严谨讲究"慎为"、"慎微"，就是要细密谨慎、谨小慎

小贴士

颜渊又称颜回（公元前521~公元前481），字子渊，春秋末期鲁国曲阜人。14岁拜孔子为师，此后终生师事之，是孔子最得意的门生。在孔门诸弟子中，孔子对他称赞最多。

微，就是要有所为有所不为。尤其在独处无人注意时，自己的行为也要谨慎不苟。"人之视己，如见其肺肝然"，若无严谨的内在修养，在形迹上是伪装不了的，只有"诚于中"，才能"形于外"。一个人只有具备严肃谨慎、一丝不苟的态度，才能把事情做好，也才能把人做好。

💡 **链接**　王安石（1021~1086），字介甫，号半山，谥文，封荆国公。世人又称王荆公。汉族，北宋抚州临川人（今江西省抚州市临川区邓家巷人），中国北宋著名政治家、思想家、文学家、改革家。欧阳修称赞王安石："翰林风月三千首，吏部文章二百年。老去自怜心尚在，后来谁与子争先。"传世文集有《王临川集》《临川集拾遗》等。其诗文各体兼擅，词虽不多，但亦擅长，且有名作《桂枝香》等。而王荆公最得世人哄传之诗句莫过于《泊船瓜洲》中的"春风又绿江南岸，明月何时照我还。"与韩愈、柳宗元、欧阳修、苏洵、苏轼、苏辙、曾巩七人并称"唐宋八大家"。

王安石治学非常严谨，潜心研究经学，著书立说，被誉为"通儒"，创"荆公新学"，促进宋代疑经变古学风的形成。哲学上，用"五行说"阐述宇宙生成，丰富和发展了中国古代朴素唯物主义思想；其哲学命题"新故相除"，把中国古代辩证法推到一个新的高度。王安石执政敢作敢为，矢志改革，把"新故相除"看作是自然界发展变化的规律，从而树立了"天命不足畏，祖宗不足法，人言不足恤"（《宋史·王安石列传》）的大无畏精神。王安石不仅是一位杰出的政治家和思想家，同时也是一位卓越的文学家。他为了实现自己的政治理想，把文学创作和政治活动密切地联系起来，强调文学的作用首先在于为社会服务，强调文章的现实功能和社会效果，主张文道合一。列宁曾称他为"中国十一世纪时的改革家"。毛泽东也称赞"王安石最可贵之处在于他提出了'人言不足恤'的思想"。

王安石个人生活作风也非常严谨，虽然官至宰相，但与自己的发妻仍然不离不弃、相濡以沫，一生无妾，纵使是夫人把一个漂亮的年轻女子买到家里，请求他纳为小妾，王安石也断然拒绝，并对夫人晓之以理。

可见，谨慎是一种做人的优秀品质，这种品质决定了生活的态度和取向。诸葛亮在《出师表》中以"知臣谨慎"来陈情决断，是对刘备忠诚之心、谦卑之态的自然流露。持有此种态度的人，会对事物做整体性、细节性的考虑，小心评估利弊得失，并且反复思量自己的决定和行动所产生的结果。很多职业需要这种素质，缺少这种修养必然引发问题。譬如下棋，"一招出错，满盘皆输"，会计稍不谨慎就会使账目错乱，医生稍不谨慎就会出现诊断失误。谨慎常常带来利益，"谨慎使得万年船"，"多一份谨慎，少一份损失"。谨慎是一种智慧，需要深入体验，但过于谨慎而变得胆小怕事，也会带来问题甚至造成严重损失，把握好度至关重要。

4. 严谨的路径——反映计划的条理性

在管理学中，计划具有两重含义，其一是计划工作，是指根据对组织外部环境与内部条件的分析，提出在未来一定时期内要达到的组织目标以及实现目标的方案途径；其二是计划形式，是指用文字和指标等形式所表述的组织以及组织内不同部门和不同成员，在未来一定时期内关于行动方向、内容和方式安排的管理事件。

老子《道德经》："天下难事，必做于易；天下大事，必做于细。"它告诉人们，要想成就一番事业，必须从简单的事情做起，从细微之处入手。汪中求先生在《细节决定成败》一书中写道："在中国，想做大事的人很多，但愿意把小事做细的人很少；我们不缺少雄韬伟略的战略家，缺少的是精益求精的执行者；决不缺少各类管理规章制度，缺少的是规章条款不折不扣的执行。我们必须改变心浮气躁、浅尝辄止的毛病，提倡注重细节、把小事做细。"汪先生的话启迪人们，要做事严谨，就必须注重细节。

注重条理需要从细节做起，一丝不苟，但是光注重细节并非条理性的全部。我们需要在掌控细节的基础上，分清主次、找准关键节点、梳理脉络层次，做到胸有成竹、掌控自由，做到条

小贴士

条理，泛指事物的规矩性，条条是理（讲究章法、法则），条条是道（讲道理）。

理性、可行性的统一。凡事预则立，不预则废，对工作把握最佳的方式就是做好计划，这需要有明确的目的、良好的预见和有效的针对。在具体计划中要条理清晰、细节明确，正所谓"凡谋之道，周密为宝"。有了计划，工作就有了明确的目标和具体的步骤，就可以协调大家的行动，增强工作的主动性，减少盲目性，使工作有条不紊地进行。同时，计划本身又是对工作进度和质量的考核标准，对大家有较强的约束和督促作用。计划对工作既有指导作用，又有推动作用。

严谨务实从检，精益求精为民。

——青海省食品药品检验所　郑永彪

💡链接　有一位外国商人来到我国某市的一家制药厂，洽谈合资办厂事宜。一切都很顺利，就等着签约了。谁知，在签约的前夕，那位外国商人突然拒绝与这家制药厂合作。原来，这家工厂的厂长在陪同外国商人参观制药车间的途中，往路边吐了一口痰。而他这个不文明的举动被外国商人看到，外商认为，一个如此不讲文明的厂长是办不好这个药厂的，于是，便改变了原来的决定。

第二节　严谨的实质

严谨真切地存在于我们工作生活中，做人做事要严谨，平时说话需要严谨，生产过程需要严谨，学习工作需要严谨，可以说，严谨有如空气，悄无声息地渗透在我们工作、生活的方方面面。我们讨论严谨的实质需要从更高的角度去分析，明确严谨在我们身边存在的状态与形式。由近及远，从小到大，从个人到集体，从国家到世界，层层递进，进而从更高的视角来认识严谨的实质。

1. 严谨是一种科学态度

世界之大，无奇不有。天高，能容万物；海阔，能纳百川。斗转星移，自有其运转轨迹；花开花落，自有其奥妙所在。面对大自然，人们有迥然不同的态度。态度是人们在自身道德观和价值观基础上对事物的评价和行为倾向。态度表现于对外界事物的内在感受、情感和意向三方面的构成要素。

慎严与慎微是科学检验之本。

——青海省食品药品检验所　钟启国

💡 链接　　　　　　　　　　　**"知道就是知道"**

世界著名物理学家、诺贝尔物理学奖得主，美籍华人丁肇中在接受中央电视台《东方之子》采访时，曾对很多问题表示"不知道"。

记者首先问了这样一个问题："我感觉您对自己每一个人生阶段都有很明确的选择。比方说小时候对科学、对科学家感兴趣；大学的时候，就锁定了要研究物理；然后每做一个实验也是力排众议，自己坚持下来。一个人怎么能够每一次选择都这么坚定和正确呢？"这位记者想要获得的答案谁心里都明白，无非要引出关于信仰、信念的追求这类冠冕堂皇的话。然而，丁肇中的回答是："不知道，可能比较侥幸吧！"

记者追问道："在这里面没有必然吗？"丁肇中依然回答："那我就不知道了。"记者还是不死心："怎么才能让自己今天的选择在日后想起来不会后悔？"丁肇中依然回答："因为我还没有后悔过，所以我真的不知道。"记者无奈道："我发现在咱们谈话过程中，您说得最多一个词就是'不知道'。"丁肇中这次终于给出了一个正面回答："是！不知道的，你是绝对不能说知道的。知道就是知道，不知道的你不要猜。"

丁肇中为南航师生作学术报告时，面对同学的提问又是"三问三不知"："您觉得人类在太空能找到暗物质和反物质吗？""不知道"。"您觉得您从事的科学实验有什么经济价值吗？""不知道"。"您能不能谈谈物理学未来20年的发展方向？""不知道"。这让在场的所有同学都感到意外，但不久全场就报以热烈的掌声。

丁肇中的严谨的确达到了常人难以想象的地步。然而，这就是作为科学大家的丁肇中，他认为不知道的就一定要回答"不知道"。

也许，一些人把说"不知道"当作是孤陋寡闻和无知的表现，但丁肇中的"不知道",体现着一种做人的谦逊和科学家治学的严谨,令人肃然起敬。

其实,丁肇中大可不必说"不知道"。他可以用一些专业性很强的术语糊弄过去,可以说一些不着边际的话搪塞过去,甚至还可以委婉地对学生说:"这些问题对于你们来说太深奥,一两句话解释不清楚。"但是,这位诺贝尔奖得主选择了最老实、最坦诚的回答方式,而且表情自然、诚恳,没有矫揉造作,没有故弄玄虚。丁肇中坦言不知道,不但无损于他的科学家形象,反而更突显了他的严谨。

严谨是一种科学态度。用严谨、求实的态度和科学的方法去认识和改造大自然,是唯一正确的选择。开普勒通过计算,发现各项数据与当时人们认定的天体运动轨迹是圆的应有的数据有一定差别。许多人都发现过这一现象,都认为是正常的误差而未继续研究,而严谨的开普勒提出了质疑,最终发现天体的运动轨迹是椭圆,并由此提出了开普勒三定律。开普勒的严谨使他通过细小的差别,发现了前人的错误,提出了影响深远的开普勒三定律。面对细小的差别,开普勒不是理所当然地认为是正常的误差,而是提出了质疑。正是因为开普勒严谨的工作态度,纠正了天体运动轨迹是圆的这一错误论断,为人类研究天体运动规律作出了重要贡献。

> **小贴士**
>
> 约翰尼斯·开普勒(Johanns Kepler,1571~1630),杰出的德国天文学家,他发现了行星运动的三大定律,分别是轨道定律、面积定律和周期定律。

态度决定一切,尤其是对于工作来说,态度非常重要。一个人的态度决定了他处理工作的方式方法与投入程度,是尽心尽力还是敷衍了事，是安于现状还是积极进取都取决于态度，工作态度决定工作成效。这种态度既是对自身的要求，也是通过自身对他人的表达，严谨的态度可以感染和推动身边的人向严谨的要求靠拢，在态度与态度正向的结合中会带动整个环境和认知的变化与发展，促成严谨务实的社会生活和工作氛围。严谨作为一种科学态度具体可以表现为以下几个方面。

一丝不苟的专注力

专注是指一个人专心于某一事物或活动时的心理状态与行为表现。专注力是指人们在对某一事物实施一种观察、研究和分析的程度。爱因斯坦因为"对理论物理的贡献，特别是发现了光电效应"而获得1921年诺贝尔物理学奖，成为现代物理学的开创者、奠基人。他创立了代表现代科学的相对论，为核能开发奠定了理论基础，被公认为是自伽利略、牛顿以来最伟大的科学家、物理学家。1999年12月26日，爱因斯坦被美国《时代周刊》评选为"世纪伟人"。他为了研究相对论，历经数年，孜孜以求，方出研究成果。我国家喻户晓的数学家陈景润，在求学的道路上一生孜孜不倦，求知的渴望使他废寝忘食，当自己撞上电线杆时，嘴里还说是谁碰到了他。正是因为对事业如此专注，才使得他在攻克哥德巴赫猜想方面作出了重大贡献，创立了著名的"陈氏定理"。乒乓球世界冠军邓亚萍，作为运动员，身体条件并不占优势，但是却夺得了世锦赛、世界杯、奥运会等多个冠军，在鼎盛时期可以说是称霸乒坛，被世人称为"邓亚萍时代"。她的秘诀是每天比别人多练一个小时。正是因为她对乒乓球事业的专注，才会取得如此成就。古往今来，凡是在某个领域取得成功的人，无不是倾其全力专注于自己的事业。只有对事业专注，把全部精力投身到事业之中，才能取得辉煌的成就。对待工作的专注是严谨态度的重要组成部分，专注就是全身心投入到求真求精的努力之中。"有志者，事竟成，破釜沉舟，百二秦关终归楚；苦心人，天不负，卧薪尝胆，三千越甲可吞吴。"严谨态度的专注包含了超越的勇气、苦心孤诣、至诚至真、专注一心。

链接　门德尔松曾将贝多芬的一份手稿公之于众。在这张稿纸上，有一处改了又改，竟贴上了十二层小纸片。门德尔松将这些小纸片一一揭开，发现最里面的那个音符（即最初的构想）竟然与最外面的那个音符（第十二次改写的）完全一样。作曲对于贝多芬而言，是一项十分艰苦的工作。他写作歌剧《费德里奥》时，为其中的一首合唱曲先后拟定过十种开头。人们熟悉的《命运交响曲》第一乐章的主题动机，也曾在他的草稿中找到过十几种不同的构想。贝多芬常常揣着笔记本，在散步时也从不忘记将突发的灵感记录下来。

见微知著的观察力

观察力是人们在认识世界、改造世界的过程中，通过对事物的细心分析，获得大量的感性材料，从而，获得对事物的认知的能力。就好比一对男女青年谈恋爱，在不了解双方秉性的情况下，要通过接触了解，细微地观察对方的言行举止，才能发现对方的优、缺点，最终确定适合不适合做自己的终身伴侣。可见，观察力与人们的工作生活有着千丝万缕的联系。观察力的敏锐程度决定了在相同情形下获取信息的多寡，正确的决定永远是建立于充分认知的基础之上。知己知彼方可百战百胜，只有对某一事物的细心观察，才能发现事物的本质，甄别其真伪，把握其规律，更好地制订计划，采取措施，有的放矢。诸葛亮一生用兵严谨，当司马懿兵临城下，诸葛亮大开城门，到城楼上悠然弹琴，司马懿以为有埋伏，便引兵而退。诸葛亮这看似鲁莽的行为正是他严谨的表现，他深知司马懿了解自己，巧妙利用，成功退敌，令人佩服。

观察力并非仅指一种能力，良好的观察力代表着虚心接受与学习的态度，代表着时刻对自身情况及所处环境的清楚认知。严谨的态度需要观察力的支撑，见微知著，才可破浪而行。

高度负责的责任心

责任心是人格中最朴素而又最可贵的因素，如果把社会比喻成一座大厦，那么每个公民的责任心就是这座大厦的基石。有了责任心，人们才会去关注生活中的点点滴滴；有了责任心，人们才会将个人融入到社会的海洋中，充分发挥其聪明才智，为国效力，为民尽责。为什么有的人经常会遇到本应做得到的事，却没有做到，本是举手之劳的事，却没有去做？核心的问题就是责任意识的严重缺乏，没有真正明白人生就意味着担当，工作就意味着责任。责任心是展现严谨态度的首要前提，在组织与团队中需要不断涌现出具有责任心的领头羊和追求者。

案例：2012年，"铬胶囊"事件经央视曝光后，甘肃省食品药品检验所（现甘肃省药品检验研究院）接到对全省胶囊进行快速检验的紧急任务。全所抽调熟悉原子吸收测定的专业人员进行检验。在实验中发现，数据偏差大，这些差别往往会被忽视，检验工作者经过多次实验，发现是玻璃容量瓶带来的干扰，之后采用塑料容量瓶，解决了数据偏差大问题，这与国家发布的标准检验程序要求是一致的。

深入钻研的意志力

东汉著名医学家张仲景为人谦虚谨慎，提倡终身坚持学习。他在所著《伤寒论》序文中说："孔子曰：生而知之者上，学则亚之，多闻博识，知之次也。余宿尚方术，请事斯语。"严谨也是一种学习力，对新鲜事物、对工作和生活所需要的知识，都孜孜不倦地学习、深入钻研，从而把握事物的规律，避免少走弯路，少做无用功。美国当代小说家、诺贝尔文学奖获得者海明威，写作态度极其严肃，十分重视作品的修改。他的长篇小说《永别了，武器》，初稿写了 6 个月，修改花了 5 个月，清样出来后还在改，最后一页共改了 39 次才满意。

严谨的践行知易行难，严谨态度的坚守需要强大的意志力做后盾，没有意志力，断然守不住严谨。在现实世界，散漫成为一些人的享受，而严谨却会让人们受苦，清贫、寂寞、孤独常常会降临到严谨追求者的身上。既然不严谨比严谨更轻松，一些人就会在简单思维中趋利避害，只顾及眼前利益而放弃严谨。所以想要让严谨永驻心中，就要铸就足够强大的意志力。

2.　严谨是一种优良作风

作风是指在思想、工作和生活等方面表现出来的比较稳定的态度或行为风格。而工作作风就是人们在工作中所表现的比较稳定的做派和风格了，其内容比较多，主要包括办事认真、一丝不苟；讲究效率、雷厉风行；谦虚谨慎、忠于职守；勤奋好学、精通业务；遵守纪律、严守机密；任劳任怨、脚踏实地；勇于开拓、顾全大局等。办事认真、一丝不苟、讲究效率、谦虚谨慎、精通业务等，都属于严谨的范畴，很显然，严谨是一种优良的作风。这种优良作风表现为，一切从实际出发，实事求是，工作精益求精，把做好每件事的着力点放在处理好每一个环节、每一个步骤上，不心浮气躁、不好高骛远；从一件一件的具体工作做起，从最简单、最平凡、最普通的事情做起，特别注重把自己岗位上的、自己手中的事情做精做细，做得出彩，做出成绩。

链接　　　化学家追苍蝇——发现总在细微处

罗伯特·威廉·本生是19世纪德国著名的化学家。1831年，他自哥廷根大学毕业后，从事化学研究和化学教学达55年之久。其研究的范围涉及电化学、物理化学、分析化学等方面，在光化学方面贡献较大，还创制了本生灯等。他在科学上能有那样出色的成就，是与他严肃认真、一丝不苟的科学态度分不开的。

有一天，他在阳光下晒滤纸，纸上有铍的沉淀物。不料就在他走开的一会儿，一只苍蝇突然飞到滤纸上，贪婪地吮吸那有甜味的沉淀物。本生大吃一惊，猛地扑上去捕捉，苍蝇却飞走了。他又是追，又是喊，惊动和吸引了好几个小学生一同来追歼"敌人"，终于把苍蝇捉住了。本生非常高兴，把已经捏死的苍蝇放进了白金坩埚，把苍蝇焚化、蒸发，最后化验、称重，确定了被苍蝇吸走的沉淀物，折算成氧化铍，最后得出了元素铍的极其精确的分析结果。

诚实做人，严谨从检。

——海南省食品药品检验所　吴成杰

3. 严谨是一种行为习惯

行为习惯，是行为和习惯的总称。习惯是自动化的行为方式，是在一定时间内逐渐养成的。习惯不仅仅是自动化了的动作，也可以包括思维的、情感的内容，习惯满足人的某种需要。

有报道说，1995年，有人对148名杰出青年做了调查研究，发现他们之所以成为杰出青年，良好的习惯是最重要的原因。调查发现这些青年在中小学读书时，60%以上的人可以抵制住游戏的诱惑，坚持认真完成作业；70%的人喜欢独立做事情；80%的人对班上不公平的事经常感到气愤；而一半以上的人经常制止他人的不良行为。可见，行为习惯，对一个人的生活和工作的影响是非常之大的。

英国哲学家培根说："习惯是一种顽强的力量，可以主宰人的一生。"苏联教育家乌申斯基也说："人的好习惯就像是在银行里存了一大笔钱，你可以随时提取它的利息，享用一生；一个人的坏习惯就好像欠了别人一笔高利贷，老在还款，老还不清，最后逼得人走入歧途。"可见，习惯作用之大。成功与失败的最大区别来自于不同的习惯，良好的习惯让人终身受益，不良的习惯则会后患无穷。

习惯不是天生的，是逐步养成的。习惯如植物一样，幼苗很容易拔除，但随着时间的推移，越是根深蒂固，越是难以根除。如果养成的是良好的、严谨的习惯、就会让树木茁壮成长，给人们带去力量，如果养成的是坏习惯，就会成为阻碍自己甚至妨害他人的"歪脖子树"、有毒的树。严谨的习惯需要我们从工作中的点滴细节出发慢慢养成，需要经过长时间的磨练与检验，绝不可能毕其功于一役。我们不仅需要培养良好

严谨相依　永远的职业坚守

　　严谨态度铸就严谨品格，严谨品格体现严谨作风，严谨作风铺就成功之路。

——宁夏回族自治区食品药品检验所　谢鹏

的、严谨的习惯，也需要防微杜渐，改掉和拒绝不良习惯。

💡链接　　**输在一块马蹄铁 —— 一点疏忽可能造成全盘皆输**

　　1812年，拿破仑领导的法军在滑铁卢失败后仓皇撤退，俄军骑兵乘胜追击，法军骑兵只好迎战。在试图越过一条冰河时，法军的战马突然纷纷跌倒，慌乱中拿破仑下令炮兵向敌人开炮，但是拉炮的骡马一踏上冰面就跌倒在地，俄军乘机一路砍杀过来，法军大败。战后拿破仑一调查，发现原来是粗心大意的士兵忘了给马的脚掌装上防滑的冰钉，致使装备一流的法军惨败在俄军手中。

4.　严谨是一种价值取向

　　价值观代表了人们最基本的信念，从个人或社会的角度来看，某种具体的行为模式或存在的最终状态比与之相反的行为模式或存在状态更可取。这个定义包含着判断的成分，反映出个体关于正确和错误、好与坏、可取和不可取的看法和观念。价值观包括内容和强度两种属性。内容属性指的是某种行为模式或存在状态是重要的；强度属性界定的是它有多重要。当我们根据强度来对一个人的价值观进行排序时，就可以得到一个人的价值取向。

　　价值取向是指人们把某种价值作为行动的准则和追求的目标。它是个体的活动或意识中所渗透的价值指向，是人们实际生活中追求价值的方向。人们在工作中的各种决策判断和行为都有一定的指导思想和价值前提。管理心理学把价值取向定义为"在多种工作情景中指导人们行动和决策判断的总体信念"。人的价值取向直接影响着工作态度和行为。

　　价值取向是以价值观为前提，价值观是道德观的基础。有什么样的道德观就有什么样的价值观，有什么样的价值观就有什么样的价值取向。在我国，国家公职人员的价值观应该以集体主义、爱国主义为基本价值取向。科学检验精神的基本要求之一，是要以严谨的科学态度和优良的工作作风为民检验。这种价值取向，体现了食品药品检验工作者全心全意为人民服务的职业道德的本质要求。

　　人生的意义在于奋斗、在于创造。奋斗和创造的过程就是实现自我价值的过程。有一些人往往只看重自身价值，片面追求自我价值的实现，忽略为社会创造价值这个重要的内容。有的人甚至错误地认为，人生的价值在于索取而不在于创造，索取的越多、价值就越大。这种观点不可取，因为个人存在于社会之中，个人的需要离不开社会的供给。一个人只有把实现自我价值和为社会创造价值有机结合起来，才能真正实现人生价值。严谨正是很多平凡中见证伟大的价值取向，是需要长久的磨练与检验的，是泥沙中真正闪亮的金子，只有历经洗练依然坚守的人才会明白其价值，见证其光辉。这就是为什么很多人，在平凡的岗位上干出了不平凡的事业的根本原因。

　💡 链接　中国科学院、中国工程院资深院士侯祥麟不但喜欢较真，还喜欢较劲。1959年，在研制航空煤油时，侯祥麟大胆把硫加入油样中，意外地解决了煤油烧蚀发动机的问题，成功地生产

侯祥麟在工作

出了航空煤油。所有的人都以为可以结束这项研究了，可侯祥麟又钻进了实验室，他想从原理上搞清，为什么硫会阻止烧蚀的发生。经过上百次在别人看来不需要再做的试验里，侯祥麟终于找出了烧蚀发动机的罪魁祸首，这一巨大发现，为发动机新材料的革命提供了依据。

5. 严谨是科学检验精神的品格

科学检验精神来源于实践又作用于实践。科学检验精神包含积极倡导食品药品检验系统牢固树立高度负责、严谨认真、诚实守信的职业道德和工作作风，要求检验工作者始终牢记食品药品检验机构承担的法定职责和检验工作者的神圣使命，以严谨细致、精益求精的科学态度对待每一次检验、每一个数据、每一份报告，唯其如此，才能确保检验结果万无一失。

严谨品格主要包含三方面的内容：第一，践行"以人为本"的核心价值。强调"科学公正"的检验检测，是指这项活动是在对照经验、数据、检验标准等一系列指标而严格实施的，不是看它是否符合某项决定、某个约定、某些人的意愿和利益。检验过程既是展示科学的严谨、严密特征的活动，也是实现人文关怀，体现以人为本价值的过程。第二，具备多层次的道德要求。食品药品检验要尊重科学、尊重规律，还需要有职业道德、社会公德等道德要求，以及服务人民、服务社会的价值准则。第三，表明了一种社会责任感。在现代社会，社会责任感是个体社会化进程中，基于对社会、国家的高度热爱，主动承担社会义务和责任，是理想和价值高度统一的精神风貌和人生情怀。这种社会责任感对于从事具体领域、对象的检验检测的技术人员尤其重要。严谨品格也

严谨是检验工作者不变的信念。

事前的谨慎，胜于事后的追究。

严谨做事是每一个检验工作者的工作标准。

——吉林省医疗器械检验所　周喜鹏

使得科学检验精神更全面地体现了科学精神与科学伦理的要义。

💡 链接　中国科学院在2007年发布的《关于科学理念的宣言》中所强调的："鉴于现代科学的发展引领着经济社会发展的未来，要求科学工作者必须具有强烈的历史使命感和社会责任感"，"避免科学知识的不恰当运用"，要求"科学工作者应当从社会、伦理和法律的层面规范科学行为。"

第三节　严谨的特性

严谨的特性，总体上可以用四个字来概括：精、准、细、严。精是做精，精益求精、追求最好、做到极致、挑战极限；准是准确的信息与决策、准确的数据与计量、准确的时间衔接和正确的工作方法；细是工作细化、管理细化、执行细化；严是严格执行法律法规和标准，严格控制偏差。具体说来，严谨的特征有以下几点。

1. 民族性

世界分五大洲、四大洋，散落着200多个国家和地区，生活着2000多个民族。每个民族都有自己的文化特性，包括思维方式、行为习惯、为人处世的风格等。对内它象征着一个民族的性格，是该民族的文化传统；对外它体现着该民族的风貌，影响着其他民族对这一民族的印象，也影响着各民族彼此之间的相互关系。

💡 链接　刀叉和筷子，不仅带来了进食习惯的差异，还影响了东西方人的生活观念。刀叉必然带来分食制，而筷子肯定与家庭成员围坐桌边共同进餐相配。西方一开始就分吃，由此衍生出西方人讲究独立，子女长大后就独立闯世界的想法和习惯。而筷子带来的合餐制，突出了老老少少坐一起的家庭单元，从而让中国人拥有了比较牢固的家庭观念。

严谨是以民族的生命实践为源泉和基础的。一个民族的严谨浓缩地反映了该民族特有的民族性格、社会心理、风俗习惯、思维方式和实践活动方式，民族的宇宙观、人生观、价值观，也都能透过严谨的处世之道加以反映和提升。民族性差异是各种严谨差异的重要方面。严谨的民族性，简单说来就是不同的民族有着不同的严谨风格。具体而言，就是作为以共同的地区和血缘关系为基础的不同的民族共同体，都有自己不同的严谨，即具有不同对待世界万物及社会关系的价值观念和思维方式。因而也可以认为，各民族的差异可以从严谨的层面窥探一斑。

中西文化各自形成完全不同的民族性格。希腊文化的动机是"好奇"，中国文化为"忧患"。所以，就整体而言，西方文化为"知性"文化，是以思辨、概念为主的文化，而中国文化为"仁性"文化，是以生活体验为主的文化。中西不同的文化映射到严谨上，就反映出严谨的民族性。西方科学的发展历史反映着西方人对科学的痴迷和献身精神，表现为西方人严谨求实、乐于进行逻辑思维、勇于创新以及毫不动摇的献身求真精神。东方科学的发展多以感性仁性为主，于严谨多表现为敬业、服从、注重细节、求真务实、防微杜渐。

💡 链接　德国人凡事都必须有周密计划。2014年世界杯，德国国家足球队赢得巴西世界杯冠军。全球媒体揭秘发现，这是德国足球"十年磨一剑"的结果。德国人的足球训练以"科学"著称，德国队背后不仅有专业的教练组，还有庞大的数据分析团队及科研团队，德国人严谨的态度和思维在每一场比赛中都有良好的诠释。在德国队与SAP推出的足球解决方案软件中，球员的运动轨迹、进球率、攻击范围等数据都会通过飞速运算而得以呈现，之后教练会针对球员的表现提出建议和改进方案，球员也能通过数据更直观地了解自己的优势和劣势。德国人人都有一个记事本，里面记下各种计划，德国人的口头禅就是："让我看看记事本。"

从一定意义上说，严谨的民族性格也是法律规范出来的。从19世纪开始，德国就有几千部法律。德国人常说自己是靠法律活着的，没有法律就不知道如何活下去。德国人对已颁布的法律法规、已签订的合同契约、已答允的约会、已许下的诺言，都会无条件地、自觉地遵守、执行，对已建立起来的友谊和关系都会无条件地维护。无论从哪个角度看，严谨都是一种优点。在地球上，无论哪个地区，找一些作风严谨的人并不难，难的是一个民族、一个国家的人都很严谨。而德国就是这样的国家。德国人的严谨体现在生活的各个方面，反映出日耳曼人的民族性格，值得国人学习、借鉴。

中华民族历来也有严谨做事、严谨做人的传统。从严格对称的大兴城，到精雕细琢的古建筑，再到一砖一瓦修筑的长城，无一不体现着中华民族的严谨。

💡 链接　张衡（78~139）是中国古代科学家，为天文学、机械技术、地震学的发展作出了杰出的贡献。他不畏艰难、严谨始终，经过长年研

科学源于严谨，严谨孕育希望。

——吉林省医疗器械检验所　张文世

张衡博物馆

小贴士　据《后汉书·张衡传》记载：地动仪用精铜铸成，圆径八尺，顶盖突起，形如酒樽，用篆文山龟鸟兽的形象装饰。

究，发明了浑天仪、地动仪，是东汉中期浑天说的代表人物之一。被后人誉为"木圣"（科圣）。由于他的贡献突出，联合国天文组织将月球背面的一个环形山命名为"张衡环形山"，太阳系中的1802号小行星命名为"张衡星"。后人为纪念张衡，在南阳建设有张衡博物馆。

　　齐白石先生作画，也一向以严谨著称。他画的山石、花草、鱼虫，无一不是经过细心观察才下笔的，因此了解他的人和画的鉴赏家们分辨齐画真假的一个标准，就是看画上之物与真实的有无不妥之处。有人以"芭蕉叶卷抱秋花"为题，请齐白石画一幅画。但是老人因年事已高，记不清蕉叶新拔是向左卷还是向右卷。而北京又没有多少芭蕉可供观察，于是他遗憾地说："只好不要卷叶了，不能随便画呀！"最终没有画上蕉叶。齐白石老人作画有着严谨、一丝不苟的作风。不懂的地方宁可不画，全删，也不能将就着画出。

💡**链接**　　　　　　　"万颅之魂"王忠诚

　　王忠诚是世界著名的神经外科专家，中国工程院院士，有"万颅之魂"之誉。他是1978年的全国劳模，2008年荣获国家最高科学技术奖。

人们经常说："才不近仙者，不能为医"。王忠诚却认为，自己不但不聪明，而且"比别人反应都慢"，唯有比别人认真谨慎。这当然是自谦的说法，不过认真细致的工作精神的确是他不断突破医学禁区的重要法宝。

大脑中包含着密如纱网的中枢神经系统。中枢神经支配人的感觉、思维、语言、内脏功能和肢体活动，被称为人体的"司令部"。中枢神经细胞极为脆弱，缺血缺氧5分钟就告死亡，而且不能再生。神经外科常要求在直径不到一毫米的血管上做吻合手术，无异于在"万丈深渊上走钢丝，没有认真严谨的态度根本做不到"。每一次手术前，王忠诚总是从思想上做好充分准备，想到病人可能出什么情况、怎样预防或怎么挽救，尽量让手术达到理想的效果。

无影灯下，王忠诚那双曾拯救过许多生命的手，小心翼翼地揭起一块颅骨。他端坐在手术台前的圆凳上，透过花镜和放大10倍的外科显微镜，给一位偏瘫患者做小脑血管吻合手术。这是1977年的一个病例。早在1976年，王忠诚便从文献上看到美国和瑞士的医生已经做成了这种高难度手术。他想，如果我们掌握了"吻合术"，就会给中国的许多脑血管患者带来福音。从此，他把这个项目列为攻关目标，一遍又一遍地吻合着动物的脑血管……

我国神经外科创业初期，由于并不掌握当时国际先进的神经外科诊断技术——脑血管造影术，因而治疗带有相当大的盲目性。王忠诚决心开创我国自己的脑血管造影技术。他开始在尸体上练习。时值盛夏，在没有通风设备的室内，尸臭令人作呕，炎热令人大汗淋漓，王忠诚全不顾及，终于取得了丰富的经验，使初期的六七个小时确诊时间缩短至

15分钟。

从业几十年间，王忠诚创造了令国内外同行叹服的一个又一个奇迹。他豪情满怀地说："现在，世界上能做的神经外科手术，我们国家都能做，而且手术技巧和质量都达到世界一流水平。"

做脑神经外科手术，双手不能有一点儿颤动，"严谨"在脑神经外科手术中的重要性不言而喻，而王忠诚院士作为业内首屈一指的专家，对严谨的贯彻与坚持是不言而喻的。

2. 时代性

所谓"时代"，据《现代汉语词典》解释就是"指历史上以经济、政治、文化等状况为依据而划分的某个时期"。严谨总是要打上时代的烙印。每个时代，人类社会对历史发展中所形成的观念和对大自然的认知是不尽相同的，这是历史发展的必然规律。因此，各个时代表现出来的严谨就大不相同，对世界的认知也就不同。认识自然和改造自然的方法也就不同，这是历史的进步性，推动着社会向前发展。

时代性不同于自然界的风雨阴晴，气候的冷暖变化，也不同于个体生命之呼吸，而是时代风貌和气息。时代气息是不同时代，一定社会环境的政治、文化、风俗民情、时尚的流露，与国家民族生存息息相关。时代气息总体给人时代感，与情感融合为和谐美，是时代脉搏的跳动，也是时代精神的外溢。因此，严谨总是要打上时代的烙印。人类在自身的历史发展中所形成的具有时代特征的关于真善美精神的认识，是一种历史的进步性，又是一种历史的局限性，因而它孕育着新的历史的可能性。就其历史的进步性而言，人们在自己的时代所理解的严谨，就是该时代的人类所达到的最优的人生态度、工作作风；就其历史局限性而言，人们在自己的时代所理解、表现出来的严谨，会被未来时代的严谨所替代，这是不以人的意志为转移的。

💡链接　上海地铁一号线是由德国设计师设计的，二号线是由我国的设计师设计的。上海地处华东，地势平均高出海平面非常有限的一点点，一到夏季，雨水便经常使一些建筑物受困。德国设计师显然注意到了这一细节，所以地铁一号线的每一个室外出口都设计了三级台阶，要进入地铁口，就必须踏上这三级台阶，然后再继续往下进入地铁站。这简单的三级台阶，在雨天可以阻挡雨水倒灌，从而减轻地铁的防洪压力。因此，一号线内的防汛设施几乎从来没有动用过。而二号线就不同了，因为缺了这几级台阶，多次在大雨天被淹，防汛设施根本就无能为力，因此造成了巨大的经济损失，也给人们的生活带来了巨大的麻烦。

我们常说德国人做事严谨得有些呆板，在墙上砸个钉子都要思量半天，但正是这非同一般的严谨、一丝不苟的工作态度和工作习惯，细节的魅力才得以最充分的显现。时代在变，但是严谨的品格和依靠严谨品格所制造出的成果永远不变。

人们将会公认，与别的时代相比，科学精神是这个时代的主要特征。因此，21世纪可以恰当地称为科学的世纪，就像20世纪被称为哲学的世纪，或者16世纪被称为宗教改革的世纪，15世纪被称为文艺复兴的世纪一样。

严谨相依　永远的职业坚守

检验中的严谨，胜于事故后的追究。

——吉林省医疗器械检验所　马红婷

3. 职业性

职业性是指一个人所具有的有利于其在某一职业方面成功的素质的总和。它是与职业方向相对应的个性特征，也指由个性决定的职业选择偏好。如果从事适合自己个性的职业，做事顺风顺水，就像海豚进了大海一样。不过风险也是存在的，如果社会的职业需求发生变化，在中年阶段被迫转行，"海豚上岸"的痛苦也不言而喻。

严谨的职业性是与人们的职业生活、职业活动联系在一起的。各种职业的从业内容和从业方式、从业要求不尽相同，因而，就表现出严谨的职业性。严谨的职业性所强调的是每一种行业从业人员的职业行为和职业素养，它是与具体职业相联系的，而职业又是丰富多样的，有一种职业，就有一种属于本职业的严谨。经商有商人的"严谨"，行医有医生的"严谨"，执教有教师的"严谨"，检验有检验工作者的严谨。同一行业的不同部门、不同岗位又有更具体的严谨规范。我国现有职业（细类）约为1800多种，其职业的严谨性就会表现为1800余种。诚然，严谨作为一个人或一种职业的品格不是与生俱来的，也不是自发形成的。严谨品格的养成要通过高度的理性自觉和行之有效的管理措施才能实现。同时，严谨作为一种职业品格也不是一成不变的，会因为各种个体的或社会因素的影响呈现出提升或衰退的趋势。随着经济与社会的发展，新兴的行业不断产生，分工越来越细，也使严谨的内容及其形式不断发展，越来越丰富多样。

链接　山东某包装有限责任公司董事长认为："细节是成大事不可缺

严谨慎重地对待每一次检验，才能在检验中得到真理。
　　　　　　　　　　　——吉林省医疗器械检验所　李伟华

少的基础，伟大源于细节的积累，细节因其'小'，往往被人所忽视，细节因其'细'，也常常使人感到繁琐，无暇顾及。然而，细节决定成败。小瓶盖也能成就大事业，对于企业来说，只有从大处着眼，小处着手，实施精细化管理，才能在市场竞争十分激烈的时代，打造强势品牌，铸就企业辉煌。"

在这个包装企业，一个小小的瓶盖制作有注塑、喷涂、冲压、印烫、组装、UV镀膜等多道工艺，而质量控制28工程法就是在每道工艺中设置28个不合格项目，每个不合格项目又都有详尽的注解和实物对照。员工必须经过严格培训、考核合格后上岗，人手一份注解卡，比照实物对6道工序中168项不合格项目逐一检查，判定这种产品是否合格。

在这种理念引领下，这个包装企业经过15年的历练打磨，从一个塑料制品厂迅速发展为中国酒类瓶盖十强企业。

职业的严谨要求从业人员必须具备严谨细致的工作作风和谨小慎微的工作态度，把握好细节。

▶ 案例．细节决定成败，这是我国航天事业发展中不断证明的一个道理。重视研制过程中每一个细节的质量，实施精细管理这一现代化的管理方法，使"严谨务实，严肃认真"的作风真正得到落实。一些型号研制试验失败的原因，往往来自于系统工程中的一个细节：如软件的一个符号，电路的一个极性，结构的一个细微缺陷，状态的一个细小变化。这就要求对设计、生产、试验和交付后服务的全过程进行极其严格的质量控制，做到有依据、有检查、有记录、有比对、有结论，每个环节、

严谨在心中，检验为人民。

——吉林省医疗器械检验所　邹健伟

每道工序都严格按科研程序办事，严格按质量标准把关，做到"图纸有问题不下厂、产品有问题不出厂、不带问题总装、不带疑点上天"。严谨务实、严肃认真的工作作风，是中国航天人在科研工作中所表现出来的尊重科学规律和一丝不苟的职业行为。它是广大航天人的强烈事业心和高度责任感的具体体现，是航天产品高质量、高可靠的有力保证。

从业者要注重细节，从小事做起。看不到细节或者不把细节当回事的人，对工作缺乏认真的态度，总是敷衍了事。而注重细节的人，不仅认真地对待工作，将小事做细，并且能在做细的过程中找到机会，从而使自己走上成功之路。工作中没有小事，点石成金、滴水成河，只有认真对待自己所做的一切事情，才能克服万难，取得成功。

💡 链接　据英国《每日邮报》2014年11月16日报道，英国艺术家乔恩迪·赫维茨（Jonty Hurwitz）利用突破性的3D打印技术，历时10个月创造出一系列大小仅相当于人类头发丝宽度一半的微雕人像。这些微雕可被放在蚂蚁头上或放在缝衣针的针孔上。

生命在于运动，工作在于严谨。

——吉林省医疗器械检验所　孙长春

4. 实践性

自有了人类以来，人们就一直没有停止实践活动。是实践推动了人类社会的不断进步，形成了当今文明社会。可以说，社会的每一次变革，都是社会实践的结果。实践是人们认识世界和改造世界的动力。只有通过社会实践，产生巨大的能量，才能推动人类社会向前发展。千百年来，人们在每一次社会实践活动中，都是通过细致严谨的实践，最终得出让社会承认的结果。可以说，严谨在实践活动中起着十分重要的作用。实践需要严谨作保证，严谨同样需要实践作基础，两者在一定程度上是相互依存的。离开了严谨，实践是不完美的；反之，离开了实践，严谨就是空谈阔论，犹如无源之水、无本之木，严谨就没有生命力。严谨来源于实践；实践也需要严谨；严谨需要在实践中培养、锻炼与检验；严谨在不断反复实践中形成一种良好习惯，最终形成优良作风。

严谨来源于实践

实践、认识、再实践、再认识，这是社会发展的客观规律。实践的过程，就是认识的过程，人们只有通过实践，才能把握事物发展的规律。所以，实践不仅为人们认识和改造世界提供了客观的可能性，而且，为人类思维和进化提供了能量。人类告别猿人之后，在日常的活动中，最初是借助于手势、动作、物体等形象性事物进行交流，但随着劳动活动的发展，交流范围的扩大，人在劳动中到了非说不可的地步，于是产生了语言。语言的出现是人类发展中的一个重要标志。但语言不等于意识，只是在日后的劳动中，语言和劳动一起促使意识得以产生。所

> 严谨之行，始于足下。
>
> ——吉林省医疗器械检验所　栾庆玲

以，从自然发展史的角度看，人类是自然界长期发展的产物；从社会发展史的角度看，人类是在劳动中产生的，人的思维、意识能力在劳动、实践中逐步形成的。

按照达尔文的进化论，人类的思维能力，将随实践活动开展而逐渐进化。用进废退，这是自然界的一条颠扑不破的真理。思维能力产生之后，还必须经过长期的实践的活动，逐步得到进化，只有经过长时间的实践活动，人的大脑思维能力才逐渐得以提高。这如同当今的一些规律定律形成一样，在长期的实践活动中加以摸索、提炼和总结，最终形成为人类所用的定律。

💡**链接**　几何学是生产于丈量土地的实际需要。当初，尼罗河水每年泛滥一次，泛滥河水冲没了原有地界，于是在河水退去之后，人们就要重新划分土地。正是这每年一次的土地丈量的实践，促进了几何学的产生。

社会离不开实践活动。社会的不断发展，给人类思维提供了越来越广阔的思维空间，也提供了越来越多的需要解决的思维难度。可以说，人类思维总是在实践给予它的机遇与挑战的二难中发展。如今，随着经济的迅速发展，全球一体化趋势加剧，人类的交往越来越密切，原来的交流方式已经不能满足社会进步的需要，人们为了使交流更便捷，开动脑筋，集人类智慧，便产生高科技通信设施设备。于是，人类发明了光线通讯、移动电话、寻呼机等高科技通信设备，为人们日常联络交流的提供了快捷的联络交流的方式。这些高科技的产品无不是通过严谨细致的实践活动得出的文明成果。可以说，严谨的实践性，是人类社会创造

第一章　日照江河　严谨定天

37

财富的源泉，是社会进步发展不竭的动力。

实践也需要严谨

科学的实践过程是理论与实践、方法与效果高度统一的过程，来不得半点虚假。因此，任何一项社会活动都必须经过长时间的实践，以严谨细致的工作作风，投身到实践中去，才能取得丰硕成果。

科技工作者，置身于科学技术工作这个大的社会实践活动中，每做一项实验，都必须严谨细致，在实践中不断积累经验，提高自己的思维能力和实验技术。实践的过程是严谨的过程。在科技工作中，如何做到理论与实践、方法与效果的高度统一，是检验一个科技人员能力的试金石。实践的过程实际上就是严谨求实、求真的过程。离开了严谨的规范，实践就会变得漫无目的、杂乱无章，无实效可言。所以说严谨对实践而言是不可或缺的。

严谨需在实践中培养、锻炼与检验

严谨是人们在长期的生存发展实践过程中形成的优良传统。人类探索自然、改造自然的实践过程造就了人们严谨的作风。我们生活在一个相对的世界里，对与错是相对的、东西南北是相对的、上下左右是相对的、连美丑善恶都是相对而言的。尽管现代科学技术得到了飞速发展，但人类目前所掌握的知识依然是有限的。以目前放之四海而皆准的知识体系标准，放之于宇宙却如"覆杯水于坳堂之上，则芥为之舟。"

正是由于人类的认知范围是有限的，不可避免地造成了人们在认识事物的过程中，出现普遍的判断失误和认知偏差。那么，如何去校正这些失误和偏差，这就需要人们在长期的实践过程中，慢慢积累经验，找出造成失误和偏差的原因。也许人们在每一次实践过程中都做到严谨细致，但个人的智慧不同，认识世界的出发点和落脚点不同，观点的差异，必将导致认识认知上的差异。基于这一点，以人类现有的知识和智慧犯错误是绝对不可避免的。正是无数次实践，在错误中不断反思、不断佐证，最终找到真理的火把。实践成为人类矫正错误认知的警报器，这一警报作用的达成，正是实践检验作用的体现。因此，严谨需要在实践中不断地进行淬火、培养和检验。

严谨要在不断与反复实践中形成良好习惯和优良作风

严谨既是一种严肃谨慎的科学态度，又是为达成完美而设置的客观必要条件。任何一次经得起考验的成功都绝非偶然，其背后都有着严密的结构，细致周全的方案，并伴随着缔造者高度的自觉性与自律性。这样的成功本身正如都江堰之万古流芳，金字塔之神秘精巧，万里长城之大气磅礴，自有其力量所在。

如果说实践是真理正衣冠的一面明镜，那么严谨就是实践的保险带。只有从客观上不断地改造自我、提高自我、约束自我，使严谨细致成为一种操作规范、一种章程制度，甚至化为一种行为习惯，进而演变为一种责任和道德。美国作家、演讲家高汀说："习惯，我们每个人或多或少都是它的奴隶。"但是若能养成有条不紊和细心认真行事的风格，以严谨为准绳时刻规范与警醒自己，严谨便是成功的可靠保障。也就是成为习惯的主人，通过训练养成严谨的作风，并形成严谨的传统将缔造不世之功。德国人正是以严谨的素养而文明于欧洲，称道于全球。可见习惯之力量，严谨之魅力。

💡 **链接**　1985年，海尔从德国引进了世界一流的冰箱生产线。一年后，有用户反映海尔冰箱存在质量问题。海尔公司在给用户换货后，对全厂冰箱进行了严谨认真的检查，发现库存的76台冰箱虽然制冷功能不受影响，但外观有划痕。时任厂长的张瑞敏决定将这些冰箱当众砸毁，并提出"有缺陷的产品就是不合格产品"的观点，这种严谨的质量观念在社会上引起极大的震动。作为一种严谨、认真、负责的企业行为，海尔砸冰箱事件不仅改变了海尔员工的质量观念，为企业赢得了美誉，而且引发了中国企业质量竞争的局面，反映出中国企业质量意识的觉醒，对中国企业及全社会质量意识的提高产生了深远的影响。

泰山不拒细壤，故能成其高；江海不择细流，故能就其深。唯有在日常工作中注入严谨的行事作风，方能事半而功倍，缔造完美和成功，在科技工作中尤为如此。中国载人航天员聂海胜入选神十飞行乘组后，在担任指令长的同时，他还承担手控交会对接的操作任务。在我国载人航天飞行史上，这两项艰巨任务首次由同一人承担。执行任务前，聂海胜的地面模拟训练超过2000次。最后以精准的对接和骄人的成绩，向祖国和人民交了一份满意的答卷。正所谓大礼不辞小让，细节决定成败。故此，想成事者必须养成注重细节、精益求精的行为习惯。

第四节　严谨的根基

严谨是人类社会稳步向前的一个基石，是智慧之星长明不熄、文明之火熊熊燃烧的力量所在。穿越人类文明史、科技史和中华医药史，严谨之风扑面而来。

1. 在人类美好的品格里

人类在认识世界、改造世界的伟大历史进程中，既改变了大自然也进化了自己，形成了诸如善良、勇敢、勤劳、严谨等优良品格。打个也许不恰当的比喻，善良是人类的心灵，勇敢是人类的胆识，勤劳是人类的双手，严谨是人类的神情。勤劳创造了财富，保证了人类的生存和发展；善良维系了人类的基本关系和社会秩序，使人世间充满关爱；勇敢增强了人类的征服能力，拓宽了人类驰骋的天地；严谨使人们思维缜密、行为理性、追求卓越。"勤而行之，慎而思之"始终是人类认识自然，改造世界的不二法门。正是勤劳、勇敢、善良、严谨这些优秀品质，如点点星光，划破了万古长空，引领我们的祖先走出混沌走进了文明，创造了世界，完善了自己。尽管种族、国家、意识形态、社会制度不同，但人类普遍肯定和推崇这些优秀品格。也就是说，严谨就像金子一样在世界任何一个地方都熠熠生辉。

严谨在人类社会生活中，具有非常重要的意义。人没有先知先觉，只有通过社会实践活动，对一切事物，从感性认识上升到理性认识，才能认识其本质，把握其规律。而这一过程，恰恰是严谨的过程。严谨在这一过程中，起到了至关重要的作用。古人很早就有一种简单而朴素的严谨观念，譬如，中国的先贤强调做任何事情"三思而后行"，就是说做事要考虑前因后果；"凡事预则立，不预则废"，指明事前的谋划胜过事后的补救。这些都是人类日常生活经验的积累。

我们知道，敬重感是对存在于所有客观世界中的真善美的一种深深的敬畏感和尊重感。在生活中，人们常常由敬畏和尊重之心而引发严谨。譬如，医生敬畏和尊重生命，才会在治病救人时保持严谨的态度；教师敬重教书育人的事业，才会爱学生如自己的孩子，一丝不苟地工作，潜心传道、授业解惑；人们对自己所从事的专业具有敬重之心，才会严谨地对待学习，刻苦钻研业务。敬重存乎心中，严谨的态度就会存乎心中，这是多么美好的品格，又是多么美好的情感。

严谨做人做事主要体现在日常生活习惯、日常生活态度、工作态度、礼仪着装、待人处世、遵章守纪、思维逻辑等几个方面。一个人持续地以严谨的态度做人做事，久而久之就会内化为一种能力，这种能力对完成活动，提高效率具有直接影响。这种能力包括严谨的思维能力，也就是对事物的判断、分析、综合、抽象、概括的能力，是智力的核心；也包括严谨的行动能力，即把想法变成行动，把行动变成结果，从而保质保量完成任务的能力。目标的实现靠行动，成功的行动需要正确的决策。拥有严谨的思维能力是通往成功的桥梁。如果说严谨的思维能力教会一个人如何系统、缜密地做事，是行动的依据，是指挥棒的话，那么，行动能力则是把思维能力落到实处的能力，是把梦想变成现实的能力。检验技术工作及学术研究是一项十分严肃的事情，严谨治学、求真务实的科学精神绝不可缺。

🔆 链接　钱学森是著名科学家、世界大师级人物，我们之所以怀念他，不仅在于他所取得的卓越成就，更在于他严谨求实的科学精神。

钱学森一辈子提倡学术民主，反对"权威"学术专权。1964年，新

疆建设兵团农学院的一位年轻人郝天护给时任
中国科学院力学研究所所长钱学森写信，指出
钱学森新近发表的一篇关于土动力学的一个方
程的推导有误。当时钱学森在力学界已是绝对
权威，但收到这封青年的来信后，不仅亲笔回
信，承认了自己的错误，更鼓励郝天护将自己
的观点写成文章，推荐发表在《力学学报》上。

钱学森

　　钱老回国以后，多次通过学术讨论、谈话和写信等方式，指导过许
多人搞科学研究、写学术论文。但即使他帮助别人修改论文，也依旧
坚决反对别人把自己的名字放在文章的作者中，他说，科学论文只能署
干实活的人，这是科学论文的惯例，好的学风务必遵守。回顾钱老的一
生，处处展现了一位科学家认认真真做学问的严谨学风。

2.　在人类文明的辉煌里

　　我们不仅能在人性里发现严谨的光芒，而且还能在人类的一切文明
成果里看见严谨的辉煌，无论是古代文明还是现代科技，严谨无处不
在、如影相随。

玛雅文化的生命力

　　一九二七年在中美洲的贝利兹（Belize）的玛雅遗迹中发现了一个用
水晶制成的令人叹为观止的头颅。这颗水晶头颅骨完全以石英石加工研磨
而成，大小几乎和人类的头颅骨相同。从图片上看，这颗头颅骨不仅外观
十分逼真，而且结构与人的颅骨骨骼构造完全相符。其隐藏在基底的菱镜

和眼窝中的透镜巧妙地组合在一起，能够折射出炫目的光芒。展现了玛雅人成熟的解剖学与光学技术。水晶，是一种石英晶体，硬度非常高，仅次于钻石（金刚石）。研究证实，水晶头颅是利用一种碰撞力量技术雕刻而成的。以现代的科学理论与技术发展速度来看，我们恐怕至少还要五十或上百年才赶

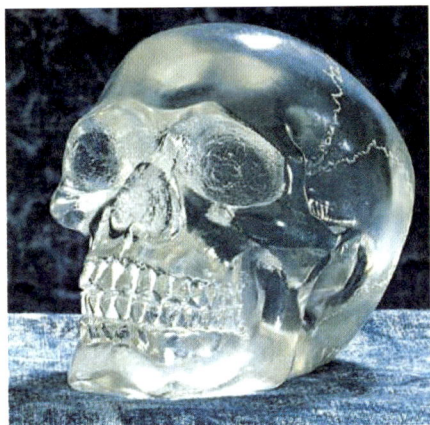
玛雅遗迹中发现的水晶头颅

得上玛雅人的工艺水平。一个大大的问号出现在现代人的脑海里，究竟是什么力量使得玛雅人掌握了如此精准的科学和技艺？让我们不得不去探访和了解玛雅人探索世界的来龙去脉。

玛雅文化可以分为新旧两个时期。旧时期大约始于公元前1000年左右，在今天墨西哥南部尤卡坦半岛一带。几千年前的玛雅人不仅拥有着鬼斧神工的工艺技术，还拥有着无与伦比的数学造诣和谜一样的文字。

玛雅人最早的石头建筑物就是天文台，然后才建筑了庙宇和宫殿。天文和历法是不可分割的，玛雅的历法非常复杂，以太阳历为例，全年精确的时间为365.2420天，这个数字比起希腊人的365.2425天的历法，更接近我们今天科学的天文测量365.2422天的年历。

玛雅人在数学上最先使用"0"的概念，这一发明比欧洲人大概要早700~800年。考古学家

小贴士

玛雅文明，是古代分布于现今墨西哥东南部、危地马拉、洪都拉斯、萨尔瓦多和伯利兹5个国家的丛林文明，大约形成于公元前1500年。

研究发现他们的数字表达与中国的算珠有异曲同工之妙，使用三个符号：一点、一横、一个代表零的贝形符号，就可以表示任何数字。类似的原理今天被应用在电脑的"二进位制"上。

在危地马拉发现的雕刻石柱上，竟然记载着"9千万年"、"4亿年"的数字？为何要使用如此巨大的数字？以今天的科学眼光来看，如此巨大的数字只有天文学才会用到。以"卓金历"中的符号为例，它表达的是玛雅人所描述的银河核心，其与我国太极阴阳图非常相似。据"卓金历"所言地球已处在"第五个太阳纪"，这是最后一个"太阳纪"。在银河季候的这一时期，太阳系正在经历一个历时5100多年的"大周期"。时间从公元前3113年起到公元2012年止。

如此的天文大周期，让人遐想远古仰望苍穹的玛雅人的头脑中有着怎样恢弘的宇宙观，玛雅人手中不时记录和刻画的又是怎样的石制器具，数字像是一个又一个环环相扣的精密齿轮，吱吱嘎嘎的咬合推动着时光的罗盘向前转动。

链接　事实上，玛雅人历时384年，算出了584年的金星历年，与今日计算的583.92天相较，误差率每天不到12秒，每月只有6分钟。不可思议之余，不得不叹服仰望星空的玛雅人日复一日、年复一年、斗转星移、寒来暑往，通过认真观测、精密记录、精益求精的计算，推演出浩瀚宇宙之于渺小地球的恒定规律。

天文历法是预测天气、指导农业生产的根本，是热带丛林之中恶劣生存环境之下，文明得以升起的根本原因。如果用结绳和贝壳就可以记录和预测准确的天象，那么今天，现代人拥有先进的计算机和精密的天文望远镜，登上月球的宇航员就真的只是迈出了人类太空的第一步，因为前路真的太遥远，与玛雅人简单的器具相比，我们需要的不仅是一个恢弘的宇宙观，还有严谨地探索以及获得宇宙奥秘的信仰和习惯。

世界科技史里的星光

爱因斯坦在哥白尼逝世410周年纪念会上说："我们今天以愉快和感激的心情来纪念这样一个人，他对于西方摆脱教权统治和学术统治枷锁的精神解放所作的贡献几乎比谁都要大"。

尼古拉·哥白尼1473年生于波兰，欧洲文艺复兴时期的科学巨人。他经过长年的观察，提出了著名的"日心说"，通过严谨细微地演算，完成了《天体运行论》，用事实说话，沉重地打击了教会的宇宙观。在思想观念上向宗教神学发起了强有力的挑战，动摇了宗教神学的权威。在浓重的黑暗中豁开一个光明的口子，拉开了文艺复兴的序幕。应当说哥白尼的"日心说"是自然科学的起点，标志着第一次科学革命的发端。

艾萨克·牛顿1643年1月4日生于英国，牛顿是伟大的数学家、物理学家、天文学家和自然科学家，发明了微积分，发现了万有引力定律和经典力学。牛顿的力学体系以公式符号构建为基础，将物理学概念进行界定。他预测了天王星、海王星的存在。牛顿力学体系的提出标志着第一次科学革命的完成。科学开始真正作为一种客观而严密的知识体系和思想体系存在。

伽利略·伽利雷，16~17世纪的意大利物理学家、天文学家。他在力

严谨相依　永远的职业坚守

学领域进行过著名的比萨斜塔重物自由下落实验，推翻了亚里士多德关于"物体落下的速度与重量成正比例"的学说，建立了自由落体定律。还发现物体的惯性定律、摆振动的等时性和抛体运动规律，并确

伽利略

定了伽利略相对性原理。他是利用望远镜观察天体取得大量成果的第一人，重要发现有：月球表面凹凸不平、银河由无数恒星组成等。伽利略发明了摆针和温度计，是近代实验科学的奠基人之一。伽利略的发现，他所用的科学推理方法，特别是科学仪器的引入，是人类科学思想上最伟大的成就之一，标志着物理学的真正开端，强有力地推动了自然科学的发展。他被誉为"近代力学之父"、"现代科学之父"和"现代科学家的第一人"。至此，一种严谨、求实、创新、所向披靡的科学方法真正的诞生了，这对于人类的科学探索有着不可估量的意义和价值，甚至可以说是第一精神推动力，从此开启了现代科技的辉煌篇章。

今天的人们不能忘记，为了摆脱宗教统治的束缚，布鲁诺在熊熊火焰中彰显了真理的意志和力量。今天的人们也不难看出，任何未经过严谨的观察、细致的推理而得出的所谓教义真知，终将被严谨的科学研究证明其诞生的荒诞不经，越是荒诞的理论越是会有凶残的卫道者，恰是因为人类离真知越远就离疯狂越近。科学，正是在挑战教皇、挑战巫术、挑战权威的号角中站立起来的，在这场艰苦卓绝的战斗中，形成了现代科学严谨、不畏强权的科学品格。

第一章　日照江河　严谨定天

47

德国制造的奥秘

有这样一则美谈。2010年，三代生产齿轮的德国亨利安家族的一对父子，在游览青岛江苏路基督教堂时，发现教堂钟表嵌有"J.F.WEULE"标识。这是沃勒尔钟表制造商家族的LOGO，是100多年前德国专门生产塔楼钟表的家族，而亨利安家族当时就是给沃勒尔家族提供钟表齿轮的供应商。而呈现在这对父子眼前的，这个102年前的钟表仍在严丝合缝的正常运转，29个大小齿轮，从未经过维修只需定期涂抹机油。他们以专家的眼光做出判断：这类齿轮至少还能再用300年。国人不得不惊叹德国制造的经久耐用。

全球著名管理咨询公司波斯艾伦的一份研究报告显示，就在金融危机爆发的2008年，德国的优秀企业依然能够实现超过10%的生产率增长，并且德国企业的研发支出还超平均水平地提高了9%。德国对制造业的坚守，换来的是危机中的一枝独秀和全球的艳羡目光。但其高端制造的形象和坚如磐石的实力，显然不是仅仅靠坚守就能实现的。"德国制造"的生命力是靠营造严谨和自由的工作环境来实现的。

德国来青岛的商人亨利安偶然发现钟表齿轮是由他曾祖父在102年前生产

严谨相依　永远的职业坚守

　　放眼望去，德国的百年企业比比皆是。制造业尤其是工业制造业，不但需要知识，依赖经验，更需要精益求精的管理和保障体系。德国企业实行严谨的工业标准和质量认证体系、监督体系——著名的ISO标准就是参考有近百年历史的德国工业体系标准设立的。他们永无止境的进行流程优化，并不遗余力地推进产品管理智能化。比如在每个产品上植入芯片进行数据记录，使每个流程、每道工序都做到可追踪，实现真真正正的精益管理。德国企业管理层还会直接下到车间和员工捆绑在一起进行工艺改进，员工看到领导都和自己一起肩并肩，还有什么理由不去改善。正是这些别人不去关注的细节，严谨的德国人注意到了，并下大力气、花大功夫找到了解决问题的最佳路径，所以德国制造能够在全球经济不景气的今天，像德国足球队连续四届捧走大力神杯一样众望所归。

　　德国是一个只有35万平方公里的国家，面积比我国云南省还要小。但却孕育出了康德、黑格尔、马克思、爱因斯坦等一批享誉全球的哲学家和科学家。性格严谨、思维缜密，是公认的德国文化象征。这一文化特征贯穿到企业里，呈现出德国制造"小事大作，小企大业"，即不求规模大，但求实力强的显著特征。在德国，大到如宝马，小到各式中小型制造企业，大多为家庭企业，其创始人也多为科学家或发明家。出于对风险的把控以及对科技的真挚追求，他们几十年、上百年专注于一项产品领域，谋求长期发展，构筑成德国制造坚若磐石、屹立不倒的深层次基础。

　　托尔斯泰曾说过："一个人的价值不是以数量而是以他的深度来衡量的，成功者的共同特点，就是能做小事情，能够抓住生活中的一些细节。"所谓成也细节，败也细节，一心渴望伟大、追求伟大，伟大却遥不可及；甘于平淡，认真做好每个细节，伟大却不期而至，这就是严谨的魅力，这就是德国制造的制胜法宝。

中华文明的严谨之魂

人类跨入文明世界的顺序是古巴比伦、古埃及、古印度、中国。前三个文明的原址，现在却是恐怖主义频发，炮火连天、灾难不断，尤以今天的伊拉克为甚，其代表着辉煌的两河文明（幼发拉底河和底格里斯河）。所以当来自世界各地的现代人在中国大地上听到有孩童朗声诵读"有朋自远方来不亦乐乎"的声音时，宛若那宽衣大袍的孔老夫子正带着七十二弟子穿越2500年的时空款步走来，这一刻就不得不为这块土地上发生的文明奇迹所震撼，这是一个五千年来文明没有中断的伟大国度。为什么命运女神如此垂青于中华文明，选中她源远流长？在山西大同的云冈石窟内就能找到问题的答案。在这里，你会看到古罗马的廊柱、印度的佛像、古希腊的雕塑，这里汇聚了巴比伦文化、波斯文化、印度文化、埃及文化，优秀的文化在北魏时期悄然在这里相遇碰撞熠熠生辉。在其他文明毁于战火屠城之时，中华文明以她的兼容并蓄坚韧地传承下来，并在7世纪的唐朝达到巅峰。中华文明何以顺应天时战胜苦难？这与上古就有的，天人合一的生存思维密不可分。

天人合一是中国古人在探索自然、顺应自然、改善生存的艰辛过程中建立起来的哲学思想体系。天人合一是描述了事物的矛盾变化以及反应进程与指向的观察工具、思维模式。天与人代表了万物矛盾间的两个方面，即内与外、大与小、静与动、进与退、动力与阻力、被动与主动、思想与物质等对立统一的要素。中国古人认为天与人是世间万物矛盾中核心最本质的一对矛盾，天代表物质环境，人代表调适物质资源的思想主体，合是矛盾间的形式转化，一是矛盾相生相依的根本属性。如无人，一切矛盾运动均无法觉查；如无天，一切矛盾运动均失去产生的载体；唯有人可以运用万物的矛盾；唯有天可以给人运用矛盾的资源！总之，以天与人作为宇宙万物矛盾运动的代表，才能最透彻的表现天地变迁的原貌和功用。任何科学技术进步和发展的背后都是以哲学思想作为依托的。天人合一的哲学思想体系构建了中华传统文化的主体，渗透了中华文明的各个领域，也由此诞生了中国古代传统科学。

无极，指宇宙万物的初始性和终始性的概念。无极即宇宙之母，是比太极更加原始、更加终极的状态。

阴阳，是中华圣贤观察到自然界中各种对应或对立而又相连的大自然观象。静态现象如天地、日月、昼夜、寒暑、男女、上下等，动态现象如雨水的天降地受、月光来自日光、昼亮夜黑、寒冷暑热等，以哲学与科学的思想方式归纳出"阴阳"的概念。阴阳，指世界上一切事物中都具有的两种既互相对应又互相联系的要素、性质和能量。阴阳理论已经渗透到传统文化的方方面面，包括宗教、历法、中医、建筑堪舆等。现代科学也从中受到启发并科学证实了宇宙万物乃至电子、原子、粒子、皆有阴阳二性的客观现象。

五行，是用来概括宇宙万物不同性质而又相生相克的几类基本要素的范畴。它们以木火土金水命名，但并非仅仅指这些具体事物的本身，而以它们为事物分类及互动运行的基本框架，或者说以之为思维模型，将一切现象按不同性质及其联系互动规律分成基本的五大类。五行学说强调事物的整体概念和相生相克互动规律，描绘了事物的结构关系和运动形式。《黄帝内经》把五行学说应用于医学，这对研究和整理中华先贤积累的大量临床经验，形成中医特有的理论体系，起了重要的推动作用。

八卦，是中国古代的一套有象征意义的符号，由三条长线或断线组成的八种图式。用长线"——"代表阳，用断线"－－－"代表阴，用三个这样的符号，组成八种形式，叫作八卦。每一种形代表一定的事物和运行规律。乾代表天，坤代表地，坎代表水，离代表火，震代表雷，艮代表山，巽代表风，兑代表沼泽。八卦用来象征各种自然现象和人事现象及其用形规律。在中医学、堪舆学、天文学等方面应用非常广泛。

中国古代传统科学，在中华民族特有的天人合一、辩证思维、多元和谐、中庸之道四大哲学理念及中国特有的无极、阴阳、五行、八卦四大哲学规律的指导下，创立了中国独特的中华天文学、中华医学、中华农学、堪舆学四大学科思想体系。在这四大学科思想体系中，中华古代天文学中的赤道坐标系为中国一大发现，赤道坐标系还对应中国古代一大发明——中国特有的天文学工具：浑天仪；中华传统医学中经络为中国一大发现，经络还对应中国古代一大发明——中国特有的传统中医工具：针灸；中华传统农学中的二十四节气为中国一大发现，二十四节气还对应中国古代一大发明——中国特有传统农业工具：农历；堪舆学中的地磁地气为中国一大发现，地磁地气还对应中国古代一大发明——中国特有的勘测磁场方位、地气走向和探寻人居环境风水宝地的工具：罗盘。而西方遴选的"中国古代四大发明"中的"指南针"，只是精深奥妙的中华罗盘中的一个识别地磁及其方位的部件之一。

赤道坐标系，在古代中国被称为浑天系，它是将天地看作一个整体，将这个整体比做一枚鸡蛋，将地球比做蛋中黄，将环绕地球的天穹比做蛋白和蛋壳。赤道坐标系以北天极为上，以南天级为下，以与地球赤道相平行的二十八宿为圆形天道，以将二十八宿所标示360度等分的十二辰为划分时间的坐标，并在这一立体的"蛋壳"上标示日月星辰的运行度数。

经络，是中华圣祖的独特发现，在中医学上说是人体运行气血、联系脏腑和体表及全身各部无形而客观存在的通道，是人体功能的调控系统。经络学也是人体针灸和按摩等中医疗法的基础。经络学说是中华医学基础理论的核心之一，源于远古，服务当今。在数千年的中华医学长河中，一直为保障中华民族的健康发挥着重要的作用。

二十四节气，是根据太阳在黄道上的位置来划分的。视太阳从春分点出发，每前进15度为一个节气；运行一周又回到春分点，为一回归年，合360度，因此分为二十四个节气。二十四节气能反映季节的变化，指导农事活动，影响着千家万户的衣食住行。

地磁地气，是中华祖先发现的存在于地球山川大地的磁场气场，并根据它们的运行规律及其与人类身心健康和人居环境的关系，创建了勘测和优选人居环境、建筑选址及其方位的学科思想体系——堪舆学。

浑天仪、针灸、农历、罗盘，是"中国古代四大工具发明"，这四大工具是在四大自然规律发现的基础上发明的应用四大规律认识自然、造福人类的有效工具。其中赤道坐标系的发现促成发明了浑天仪来观测星象预测天灾；经络的发现组成了针灸的医疗工具并应用来为人防病治病；二十四节气的发现促成发明了农历来指导农业产生；地磁地气的发现促成发明了罗盘来寻找天地人合一的人居理想环境。

中华传统科学是中国古人探索自然规律、应用自然规律、认识自然、造福人类的有效工具和途径，更是先人长期效法自然、顺应自然，在改造生活的过程中建立起来的科学思想体系，其辨证的思维方法，严谨的探求事物发展规律的治学精神，被历史证明是科学、合理的。处处体现着中国人严谨客观辨证的天人合一思想，表明了中华民族生生不息、则天、希天、求天、同天的完美主义和进取精神。这就是中华文明有别于其他文明，历经战火硝烟，朝代变迁，始终能够适应环境，符合事物发展规律，岿然不动、世代相传的真正原因。试想中华文明虽然是四大文明中最晚一个进入文明时代的文明，但也从侧面说明中华文明是经过最长时间酝酿的，在漫长的历史时期里，严谨的观察自然、效法自然，在天地之间，不断的认识人类自我的局限性，不断地产生宇宙新认识，不断的纠错，不断的自勉，不断的从头再来，用辩证统一的方法去探求宇宙天地的真实奥秘，形成了一种道法自然、天人合一的文明，这样的文明坚如磐石，并在严谨的把握和尊重客观规律的基础上，产生了文明的浪漫，这种浪漫励志与天地同寿，与日月同辉。由此可见，严谨的探索、尊重并遵循客观规律的精神造就不败的文明。

链接　《本草纲目》全书约有190万字，52卷，分为16部，60类。其中记载了植物1195种，动物340种，矿物357种，共搜集药物1892种，还记载了11000多个处方，书中还绘制了1160幅精美的插图，形象地表现了多种药物的发杂形态。每药之下，分释名、集解、修治、主治、发明、附方及有关药物等项，体例详明，用字精确。《本草纲目》在1596年正式出版，刊后不久，就传入日本，并由日本医药界译成日文出版，之后又先后出现了德文、法文、英文、朝鲜文、拉丁文等译本，传到世界各地，

严谨是追求最高价值的保证。

——湖北省武汉市食品化妆品检验所　徐勤瑜

被人们称为"东方医学巨典"。

3. 在科学精神的阳光里

有人说："想喝水时，仿佛能喝下整个海洋似的——这是信仰；等到真的喝起来，一共也只能喝两杯罢了——这是科学。"这话颇有哲理。科学是实在的，而科学精神则有更高的层次。科学精神是人们在长期的科学实践活动中形成的共同信念、价值标准和行为规范的总称。科学检验精神则是科学精神在食品药品检验领域的具体化、行业化，严谨既是科学精神的一分子，又是科学检验精神的重要组成部分。

科学精神包含以下内容：理性精神，科学活动须从经验认识层次上升到理论认识层次，或者说，有个科学抽象的过程，为此，必须坚持理性原则；实证精神，科学的实践活动是检验科学理论真理性的唯一标准；求实精神，科学须正确反映客观现实，实事求是，克服主观臆断；求真精神，在严格确定的科学事实面前，科学家须勇于维护真理，反对独断、虚伪和谬误；探索精神，根据已有知识、经验的启示或预见，科学家在自己的活动中总是既有方向和信心，又有锲而不舍的意志；可重复和可检验，科学是正确反映客观现实、实事求是、研究规律并用于改造客观的知识，研究客观规律就应具备可重复、可检验原则，因此掌握规律就可以预测和改造客观事物，譬如，经济学就应该研究物质交换的本质规律，而不是经济现象；创新改革精神，这是科学的生命，科学活动的灵魂；虚心接受科学遗产的精神，科学活动有如阶梯式递进的攀登，科学成就在本质上是积累的结果，科学是继承性最强的文化形态之一；严格精确的分析精神，科学不停留在定性描述层面上，确定性或精确性是科学的显著特征之一；协作精神，由于现代科学研究项目规模的扩大，须依靠多学科和社会多方面的协作与支持，才能有效地完成任务；民主精神，科学从不迷信权威，并敢于向权威挑战；开放精神，科学无国界，科学是开放的体系，它不承认终极真理；功利精神，科学是生产力，科学的社会功能得到了充分的体现，应当为人类社会谋福利；实践精神，离开实践，科学毫无意义、毫无真实性；批评精神，要勇于质疑传统、权威，坚持真理，敢于向其挑战。

从一定意义上说，科学精神就是改革创新的精神，而改革创新离不开严谨的工作作风。人类文明史包含了人类科学史，人类文明中最璀璨的一颗明珠就是科技文明，在科技文明发展的进程里，科学精神作为科学发展的灵魂，在人类适应规律改造世界的过程中培养和孕育了人类的严谨品格。严谨也贯穿了人类发现自然规律、运用自然规律和改造生活质量的过程始终。在历史进程的一次次飞跃中，严谨逐渐演变为人类探索自然、改造环境的行为习惯，成为改革创新的巨大动力。

科学精神也是求真务实的精神，而求真务实离不开严谨的科学态度。求真务实，要求人们的实践活动、行为方式要尊重客观规律，反映现实要求，谋取实际效果，以达成主观与客观相符合，理论与实际相统一。要坚持求真务实，就必须要以科学的态度去着眼现实的发展变化，从发展的视角去探求真知，找出规律，制定对策；从变化的观点去务出"实事"，找准突破口。譬如，现代人打造上天入地的精密探测器，这就是一个求真务实的过程，在这个过程中就必须做到每一个螺丝都经过科学的设计、严密的计算、准确的称重，这样才能确保每一个系统、每一个零件都精益求精、一丝不苟、毫无偏差地运转。

严格源于责任，谨行成就品格。

——湖南省医疗器械与药用包装材料（容器）检测所　徐勇

　　科学追求真理，但真理不一定立刻有用，或者说不一定马上符合现实利益的要求，也可能刚好和现实的利益相反。科学研究要想不为现实利益所驱动，不为政治影响所左右，就必须坚持真理，严谨求是地探索事物的本来面目。真理和价值是辩证统一的，坚持真理和价值的辩证统一要求我们要有严谨的品格，弘扬伟大的科学精神、人文精神。

　　🔆链接　竺可桢被公认为中国气象、地理学界的"一代宗师"。他不仅以卓越的学术造诣赢得人民的尊敬，也以其严谨治学的科研精神为民众所称道。

　　竺可桢于1956年领导创建了中国科学院综合考察委员会，并一直兼任主任职务。他多次指出：要合理开发自然资源，发展国民经济，必须进行大规模的综合考察工作。综合考察应为国家和地方编制国民经济计划提供科学依据。

竺可桢

其任务首先是调查自然条件和自然资源的基本特征与数量、质量，并在此基础上提出自然资源开发利用与治理保护的科学方案。到他去世时为止，在他领导下，中科院先后组织了25年规模不同的综合考察队，参加工作的达100多个单位，1万多人次，积累了大批珍贵资料，取得了丰硕科研成果。

4. 在人文精神的怀抱里

　　在走过了一段科学至上、科学主义（认为科学万能，科学可以解决一切问题）盛行的弯路之后，到了20世纪中后期，作为科学主体的人，在加快科学技术的发现和创造的同时，也对古希腊人理性精神蕴含的"人文精神"与"科学精神"的融会特性高度关注，显示出人类对科学技术的认识日趋理性并走向成熟，标志着自19世纪以来一直盛行的科学主义开始向人文主义回归。愈来愈多的科学家、哲学家进一步把探索科学生长的目光扩展到了狭义的科学之外，重点推广到了科学同社会、科学与人的心理结构的关系层面，更进一步突出了科学的人性之美，使科学步入了寻常人们的生活，转化为人们的生活态度、生活理念和生活方式。当代社会可持续发展战略的提出，东西方文化的交流，以及自然科学与人文科学的对话等，则是科学精神与人文精神相融合的基本趋势。而"严谨"作为一种"人文精神"，也一直贯穿在"科学精神"之中。

💡**链接**　我国著名经济学家厉以宁在1955年从北京大学经济系毕业前夕写过的一首七绝自勉诗。到了1985年，在毕业30周年之际，厉以宁根据自己在北大的经验与体验，把这首七绝扩展为《鹧鸪天》："溪水清清下石沟，千弯百折不回头，兼容并蓄终宽阔，若谷虚怀鱼自游。心寂寂，念休休，沉沙无意却成洲，一生治学当如此，只计耕耘莫问收。"这首词很好地展现了一位学者的胸怀，严谨的治学与乐观浪漫的人文精神巧妙地融合在一起，浑然天成，让人们联想到人文精神如温暖的怀抱，滋养了严谨的血脉。

许多科学家拥有丰富的人文素养、执着的科学灵魂以及儒雅的艺术气质。科学的灵魂，让科学家在科学这条永无止境的道路上孜孜不倦地前行，直到生命的尽头。艺术的气质，则让科学家的人格更加丰满立体，更具人性魅力，更贴近普通人的生活，使研究成果更接地气。人文精神还让科学家知道如何为人处世，如何适应社会，如何整合资源为研究所用，如何驾驭科技力量为人类的进步服务。

简言之，人文精神是一种普遍的人类自我关怀。人文精神的核心是以人为本，尊重人的价值。其表现为对人的尊严、价值、命运的维护、追求和关切，对人类遗留下来的各种精神文化现象的高度珍视，是对一种全面发展的理想人格的肯定和塑造。那些能够奉献自己毕生精力，真正为人类的生存做出贡献的科学家，必定首先是一位悲天悯人的有血有肉的人，他们的探索研究和发明，都是建立在对人类对自然的关怀基础之上的。正是在这种宏大的、无私的愿力背景下，科学家才能够摒弃一切急功近利的小我意识，投身到永无止境的对真理的探究中去。

严谨是一种治学态度。科学研究要把着力点放在每一环节、每一个步骤上，追求细节的精密完美。人文精神是对人的存在的超越性思考，它能以形而上的特征直指人的生存本质，直探人的精神世界和心灵世界的核心，能够塑造人的精神世界，追求整体的统一和谐。如果说严谨是机器的内部零件构造，那么人文精神就是这部机器的电子驱动程序。如果说严谨使学者成为科学家，那么人文精神就能让科学家赢得全社会的尊重。

小贴士　　路德维希·凡·贝多芬（Ludwig van Beethoven，1770~1827），德国作曲家和音乐家，维也纳古典乐派代表人物之一，代表作有交响乐《英雄交响曲》《命运交响曲》《田园交响曲》《欢乐颂》，钢琴奏鸣曲《悲怆》《月光》《暴风雨》《热情》《幻想》《致爱丽丝》，弦乐四重奏《大赋格》等。他的作品对世界音乐的发展有着非常深远的影响，因此被尊称为"乐圣"，在世界交响音乐界，有着极其崇高的地位。

第一章　日照江河　严谨定天

严以求真，谨以求实。

——湖南省食品药品检验研究院　龚绚丽

成功是无数次失败后的灵光一闪，科学家的内心世界必须强大到可以直面无数次的挫败，还依然固执地保持严谨的行事作风。在废墟和瓦砾面前从头再来，不仅需要严谨的惯性，还需要高度的责任心，更需要一种乐观浪漫的情怀，去开垦真理的土地。乐观和浪漫从哪里来？来自人文精神。譬如，贝多芬音乐中的人文关怀和崇高的美学品质，是一种无意识的自白，是发自内心深处的炽热、真诚的浩然之气。在贝多芬的音乐中，不论是由现实社会所引发的对人类的同情和支持，还是对"自由、平等、博爱"的追求，以及对正义的弘扬和伸张，无不表现出维护人类尊严，发展积极向上的、崇高的人文关怀之情。

5. 在价值观的世界里

价值观，是基于人的一定的思维感官之上而作出的认知、理解、判断或抉择，也就是人认定事物、辨定是非的一种思维或取向，从而体现出人、事、物的一定的价值或作用。价值观具有相对的稳定性和持久性。在特定的时间、地点、条件下，人们的价值观总是相对稳定和持久的。譬如，对某种人或事物的好坏总有一个看法和评价，在条件不变的情况下这种看法不会改变。随着社会的发展，人们的价值取向、人生观念都发生了很大的变化，严谨作为一种更高的职业追求，体现了人们的价值观念和价值取向。

小贴士

价值取向是价值哲学的重要范畴，它指的是一定主体基于自己的价值观在面对或处理各种矛盾、冲突、关系时所持的基本价值立场、价值态度以及所表现出来的基本价值取向。

严谨相依　永远的职业坚守

严谨的大敌是马虎。

——吉林省食品检验所　韩来辉

链接

"两弹元勋"邓稼先

1950年8月，邓稼先在美国获得博士学位九天后，便谢绝了恩师和同校好友的挽留，毅然决定回国。同年10月，邓稼先来到中国科学院近代物理研究所任研究员。此后的八年间，他进行了中国原子核理论的研究。1958年秋，二机部副部长钱三强找到邓稼先，说"国家要放一个'大炮仗'"，征询他是否愿意参加这项必须严格保密的工作。邓稼先义无反顾地同意，回家对妻子只说自己"要调动工作"，不能再照顾家和孩子，通信也困难。从小受爱国思想熏陶的妻子明白，丈夫肯定是从事对国家有重大意义的工作，表示坚决支持。从此，邓稼先的名字便在刊物和对外联络中消失，他的身影只出现在严格警卫的深院和大漠戈壁。

邓稼先就任二机部第九研究所理论部主任后，先挑选了一批大学生，准备有关俄文资料和原子弹模型。在遇到一个苏联专家留下的核爆大气压的数字时，邓稼先在周光召的帮助下以严谨的计算推翻了原有结论，从而解决了中国原子弹试验成败的关键性难题。邓稼先不仅在秘密科研院所里费尽心血，还经常到飞沙走石的戈壁试验场。1964年10月，中国成功爆炸的第一颗原子弹，就是由他最后签字确定了设计方案。他还率领研究人员在试验后迅速进入爆炸现场采样，以证实效果。他又同于敏等人投入对氢弹的研究，最后终于制成了氢弹，并于原子弹爆炸后的2年零8个月试验成功。这同法国用8年、美国用7年、苏联用4年的时间相比，创造了世界上最快的速度的纪录。

邓稼先在大漠深处长年风餐露宿，艰辛地度过了整整10年的单身汉生活。工作中，他总是不顾个人安危。从第一次核试验起，他就形成了亲临第一线的工作模式。1979年，在一次航弹试验时，因降落伞破裂，原子弹从高空坠落地上。为了避免毁灭性的后果，他竟冒着生命危险一个人抢上前去，抱起摔破的原子弹碎片仔细检验，由此受到致命的核辐射伤害。尽管如此，他仍然继续带病工作，直到1985年才因癌症而被强行安排住院治疗。病榻上，他平静地说："我知道这一天会来的，但没想到它来得这样快。"弥留之际，他还用生命的智慧和最后一丝力气，与于敏合著了一份关于中国核武器发展的建议书，向祖国献上了一片赤诚。

邓稼先逝世后，张爱萍将军称他为"两弹元勋"，是中国几千年传统文化所孕育出来的有最高奉献精神的儿子。

随着经济社会的发展，国民对生命和健康的重视程度越来越高，对消费物品安全性的期待也越来越高。食品药品检验机构的工作人员，严谨地对待工作，为保障人民群众饮食用药安全尽职尽责地把好关，这也是一种爱国行为。反之，工作不严谨，许多事情在自己手上发生这样或那样的错误，让不合格产品在市场上流通，那就是"害国"而不是爱国。只有将严谨的品格实实在在地体现到工作中去，才能切实肩负起工作的责任、社会的责任，也才能够为祖国做出贡献。

爱国者严谨的工作态度和作风，不仅能出色地完成自己的工作，更能推动社会不断进步。新中国成立之初，在经济落后和艰苦的条件下，许多科学家为了祖国的繁荣昌盛，毅然放弃了国外的优越条件和功名利禄，投身到祖国怀抱，献身于国家建设。中国航天科技事业的先驱钱学森是爱国者的杰出代表之一。在他的一生中，处处展现了一位科学家严谨的科学精神。一位年轻人曾写信指出时任中国科学院力学研究所所长钱学森在动力学方面的一个错误，作为在力学界绝对权威的钱学森，不仅承认了自己的错误，更鼓励年轻人勇于发表观点。

敬业需要严谨的作风

敬业是人们基于对一种职业的热爱而全身心投入其工作中的一种精神。宋朝大思想家朱熹曾说，"敬业"就是"专心致志以事其业"。敬业是每个从业者应当具备的基本素质。一个人要想在工作岗位上有所成就，首先应当具有敬业精神。态度决定结果，严谨作为一种工作态度，可以很好地表现出一个人的敬业精神。一个不敬业的人肯定会消极怠工、马马虎虎，而一个敬业的人，总是会严格要求自己，以高度的责任感和事业心，认真踏实、严谨细致地干好每一项工作，做好每一件事情。敬业，要求每一个人明白自己的岗位职责，认清自己的使命，在本职岗位上严谨做事，积极进取，兢兢业业，争取取得更大的成绩。

💡 链接　　　　　严谨作风成就"水稻之父"

袁隆平被誉为"杂交水稻之父"，并于2009年当选为新中国成立以来最具影响力的劳模。是什么促使这位杂交水稻专家走向成功呢？正是严谨认真的敬业精神！

1953年夏，袁隆平从大学毕业，被分配到湖南省偏僻的安江农校任教，开始了他长达19个春秋的教学生涯。1954年，他教授普通植物学，下苦功夫，从构成植物体的最小单位——细胞开始，到根、茎、叶、花、果的外部形态，再到植物的生物学特性及其遗传特性等进行系统的学习研究。为了在显微镜下观察细胞壁、细胞质、细胞核的微观构造，他刻苦磨练徒手切片技术，几百次、上千次，一直到能在显微镜下得到

63

没有严谨的态度，就没有科学的检验。

——浙江省食品药品检验研究院　应崇杰

满意的观察结果为止。

　　杂交水稻的研制成功更是浸透着袁隆平严谨治学的精神。水稻是雌雄同花的作物，难以一朵一朵地去掉雄花搞杂交。因此必须培育出一个雄花不育的稻株，即雄性不育系，然后才能进行杂交。这是一个难解的世界难题。袁隆平知难而进，他认为，雄性不育系的原始亲本，是一株自然突变的雄性不育株，是可以天然存在的。中国拥有众多的野生稻和栽培稻品种，一定蕴藏着丰富的种子资源。于是，袁隆平迈开双腿，走进水稻的茫茫绿海，去寻找这从未见过而且在中外数据也从没见过相关报道的水稻雄性不育株。时间一天天过去，袁隆平头顶烈日，脚踩烂泥，驼背弯腰，一穗一穗地观察寻找。面对这几乎不可能完成的任务，袁隆平凭借认真严谨的工作精神，终于在第14天发现了一株雄花花药不开裂、性状奇特的植株。

　　在水稻研究方面，袁隆平的要求是一丝不苟的。跟随他40年的助手尹华奇举了个小例子：一个组合几粒种子如果要播成两排，怎么播呢？要是偶数好办，平均分布。如果是奇数，多出的一粒种子，袁隆平要求不可以放左边也不可以放右边，一定要放在中间，以保证密度一致，缩小实验误差，达到实验结果的去伪存真。尹华奇说，袁老师对自己提出的要求总是严格贯彻，一年做一万多组实验，每一组都要亲自检查实验条件是否达到要求。

　　20世纪70年代，中国对杂交水稻的成功研究，最终将水稻亩产从300公斤提高到800公斤，并推广2.3亿多亩，增产200多亿公斤。这些成就不能不归功于袁隆平。

　　袁隆平院士为中国、为人类作出的巨大贡献，是与他的严谨认真的

严谨相依　永远的职业坚守

治学精神分不开的。

诚信需要严谨的态度

诚信，对于人类，或者，说得具体一点，对于我们每一个个体，都是极其重要的为人准则。孔子曰："人而无信，不知其可也。""人无信，而不立。"严谨存在于人类生活的各个领域，体现出一种科学态度、行为规范和精神品质。我们要取信于民，做每件事都应该严谨。譬如，法院要对一起案件做最终的判定，需要有充分而又确凿的证据和法律程序。起诉程序必须非常严谨，不具备可信度的证词是绝对不能采纳的，不符合法定程序的案件一定是存在问题的。每一个证词、每一句证言，必须让双方当事人信服。

严谨、诚信，这些看似平常的字眼，要做到却是需要定力的。有这样一则报道，"美国新闻社"发布消息说，原先一直排名在第50位左右、位于美国首都华盛顿的乔治·华盛顿大学在2013年被列为"未排名大学"，原因是该校上报的数据错误。经查实，原来乔治·华盛顿大学校长在检查上报资料时，发现一条"本学年录取的新生，就读高中时在班里所有学生成绩前10%的比例"的数据有误。过去几年里一直上报的70%多实际应该是50%多。该数据实际上是审核学校多项数据中占比重微小的数据之一。学校在发现这个错误后主动向美国新闻社负责大学排名的委员会通报并改正了数据。该委员会随即决定取消了乔治·华盛顿大学2013年的排名资格。一项微小的数据错误就让乔治·华盛顿大学这所美国名校失去了当年的排名。通过这件事情可以看到，美国大学排名机构严谨和负责的态度，也可以看到美国大学自身对诚信的重视。在现代这样一个提倡公平竞争的社会里，美国新闻社大学排名严谨、公平透明的做法维护了它的公正和权威性；美国乔治·华盛顿大学则以它的诚信赢得了人们的尊重。"打铁还需自身硬"，诚信严谨才会赢得尊重。

友善需要严谨的行为

友善，是社会的润滑剂，能够让别人如沐春风，能够让人与人之间的关系和睦，能够减少很多摩擦和不必要的麻烦，有助于社会团结、进步。一个说话办事总是不严谨的人，你很难想象他是一个友善的人；经常吹牛皮说大话、弄虚作假的人，肯定不是待人友善的人。在严谨中表现友善，在友善中体现严谨，是一种良好的人格风范。

💡**链接**　美国著名的试飞驾驶员胡佛，有一次飞回洛杉矶，在距地面90多米高的空中，刚好有两个引擎同时失灵，幸亏他技术高超，飞机才奇迹般地着陆。胡佛立即检查飞机用油，正如他所预料的，他驾驶的那架飞机是螺旋桨飞机，装的却是喷气机用油。当他召见那个负责保养的机械工时，对方吓得直哭。这时，胡佛并没有大发雷霆，而是伸出手臂，抱住维修工的肩膀，信心十足地说："为了证明你能干得好，我想请你明天帮我的飞机做维修工作。"从此，胡佛的飞机再也没有出过差错，那位马马虎虎的维修工也变得兢兢业业、一丝不苟，工作更加严谨了。

検 检验结果科学准确取决于我们处理细枝末节而采取的严谨态度。

——浙江省食品药品检验研究院　朱价

　　这个故事令人感动。虽然维修工的过失险些使自己丧命，但心地善良的胡佛深深懂得有过失者的心理。当对方因出了严重差错而痛苦不堪时，他善解人意、自我克制，出人意料地给予宽慰，使其恢复自信、自尊及严谨的工作作风。这就是基于严谨态度之上的友善，这就是友善的力量。试想，如果胡佛愤怒斥责这位维修工，甚至不依不饶地追究他的责任，那么很可能会彻底地毁了他。可见，面对同一件事，以不同的态度来对待，就会有迥异的结局。友善，可以使大事化小，小事化了；友善可以使粗心大意的变得严谨，友善还可以在善待他人的同时，使自己获益。

思考题

1. 严谨的作风对于人们的行为控制有哪些作用？

2. 严谨作为一种科学态度，表现在哪些方面？

3. 严谨有普遍性吗？为什么？

4. 严谨品格与科学精神、人文精神是什么关系？

简要的结语

　　严谨是一个古老而年轻的话题。在古代它光耀寰宇，在科学技术日新月异的当今世界它青春焕发。严谨是成事之基，严谨是兴业之道。

　　作为食品药品检验工作者，了解严谨十分必要，但还应当了解严谨检验，这是我们的本行。接下来，您将会看到严谨已然挽着检验的臂膀闪亮登场，一路走来，有说不完的故事，吐不尽的心声。

第一章　日照江河　严谨定天

67

第二章

铁肩担道　严谨检验

孙思邈

　　严谨检验即时刻以严谨的态度和作风去对待检验工作，一丝不苟、精益求精，使检验结果经得起事实、法律和时间的检验。严谨是检验工作战无不胜的法宝。严谨检验是一种十分美好的境界。检验失去了严谨，就像血液失去了脉管，地铁失去了轨道，汽车失去了道路，大江失去了河床。那种混乱的状况和后果可想而知。

致检验

每一次检验
都是一次考试

考的是技艺
还有检验工作者的品质

拆开检品这试题
驱云拨雾
寻找真谛

用严谨写下
答卷
无疑
而无悔

严谨检验，就是在整个检验过程中始终以服从监管需要、服务公众健康为目的，以严谨的态度、优良的作风、科学的方法，探求被检物品的真相并做出客观的结论，确保检验结果经得起事实、法律和时间的检验。为此，食品药品检验机构及其工作者应当做到铁肩担道义，妙手著文章。

第一节　严谨影响检验全过程

1. 决策——严谨检验的奠基之石

检验是食品安全性、药品安全性和有效性的重要保障。严谨检验可以使检验机构准确判断被检产品的质量状况，可以有效预知不良事件的发生风险、不良商品的流通风险，可以将使用者的危害降至最低。严谨细致的工作作风贯穿在检验工作的整个过程，既是顺应时代发展的具体要求，也是做好检验工作的客观需要。

实践证明，正确的决策能引导各项工作顺利开展，不断取得新的成就，使整个事业得到蓬勃发展；而错误的决策则会导致重大的挫折或损失，甚至整个事业的衰败。所以领导决策的正确与否，是事关全局的重大问题，是事业兴衰成败的决定性因素。严谨作为科学检验精神的最实质品格，是检验系统的事业发展的基础，严谨务实的工作作风应该贯穿检验从上至下的整个过程中。始于决策与战略的严谨是检验事业发展的基石。

决策，是为了实现特定的目标，根据客观的可能性，在占有一定信息和经验的基础上，借助一定的工具、技巧和方法，对影响目标实现的

以诚相交，以信处事，以严律己。

——江西省药品检验检测研究院　段和祥

小贴士

战略是一种模式或计划，是将组织的主要目的、政策和行动依次整合成一个紧密的实体。

诸因素进行分析、计算和判断选优后，对未来行动做出决定。决策工作的政策性、原则性、程序性都很强，一旦出现失误，就会造成难以弥补的影响。检验机构的领导者决策所涉及的内容范围很广，诸如制定战略、编制规划、组建机构、管理人才、思想教育等，必须时时处处保持严谨细致的工作态度，坚持原则、虑事周全，从全局出发思考问题，从小处着手部署工作，按程序推进落实任务。只有将严谨务实的基本要求渗透在决策的方方面面，才能将可能的决策失误风险降到最低。既不主观臆断，也不程序颠倒，在坚持原则和按程序办事中体现检验工作者的严肃谨慎，细致周全的行为习惯。

决策过程对于检验机构领导者的综合素质尤其是严谨的品质提出了较高的要求，正如俗语所说："村看村户看户，群众看干部，一步看一步"。领导者要以其言正身，说的做的都要为部属作表率，时刻注意自我形象的塑造。如果在处理一个人、一件事上不谨慎，就可能在领导和群众面前丧失威信，没有威信，谈何决策落实力？领导提高决策能力，使领导者有能力多调动方方面面的积极性，进而全面落实决策。领导者要善于深入职工中，做广泛的调查研究，勤于思考、善于总结，从小事小节中总结出事物发展的规律，抓住重点、推动工作。领导者还要拓展知识、开阔视野，具备长远的目光，充分发挥统筹全局的作用，将组织工作、人才工作与科学检验的发展紧密地结合起来。要把严谨务实的工作要求上升到战略的高度，力求把每一位检验工作者培养成为求真务实、严谨细致的自觉践行者，使检验机构更好地围绕"为国把关、为民尽责"

的目标展开工作。

2. 环境——严谨检验的精神之源

检验活动的主体是人，检验工作者根据自己所掌握的专业知识、工作经验的积累，通过各种仪器设备、各种试剂对各类样本进行检测，做出判断，出具检验报告。严谨的态度是检验的基础，态度决定行为，行为体现作风。严谨既是科学的态度，也是优良的作风。认真做好各项检验工作，避免或尽量减少差错，才能提供准确可靠的检验结果。所以说，严谨规范的操作是保障检验结果的准确性和可复现性的前提。

人的行为大多随环境的变化而变化，无论做什么，人和环境总要形成互为、互动，在这一过程中，往往是大多数人受制于环境，被环境所左右，不为环境所动的是极少数。科学研究表明，良好的工作环境是知识型职工的核心职业诉求之一。检验工作流程复杂，需要很多部门共同参与，从业务科最初的收样、分配检验任务，到检验科室的检验、核对，再到质量负责人的审核，中间涉及到样品与报告等资料的传递。任何一个流程或者一个岗位出现失误，都会对最终的检验结果造成不利的影响，甚至是不可估量的损失。检验工作者有严谨负责的态度，及时发现问题并想方设法解决问题，能将最终结果误判的风险降到最低。值得注意的是，工作环境的硬件条件固然重要，但不是重点，所谓"环境留人"，重点是工作软环境——人文环境和工作氛围。影响检验机构人文环境的主要因素包括工作机制、文化和管理者的价值观、领导风格等。检验机构要想有凝聚力，首先就要营造严谨务实精益求精的工作氛围，以此去转变更多人的行为举止，让严谨成为每

认真做事，只能把事做对；用心做事，才能把事做好。

——江西省药品检验检测研究院　王永兴

个检验岗位自觉遵守的行为习惯，实现严谨这一重要品格在各级检验工作者之间的传承与发扬。

软件环境是严谨检验的软实力，包括管理制度、工作氛围、管理理念等方面。一套好的检验制度能够促使检验工作人员本着公正、严谨、科学、规范的原则去完成检验任务，保证检验结果的准确性和可靠性。检验制度重在对检验工作者的协调监督，而检验制度落实的前提，则是工作人员的严谨态度、作风和方法。

3. 管理——严谨检验的发展之力

从古至今，国内国外，对管理的定义众说纷纭，各位大家分别从不同角度阐述了管理的概念。一般说来，管理（Manage）是指社会组织中，管理者为了实现预期的目标，以人为中心进行的协调活动。它包括4方面含义：管理是为了实现组织未来目标的活动；管理的工作本质是协调；管理工作存在于组织中；管理工作的重点是对人进行管理。管理就是制定、执行、检查和改进。制定就是制定计划（或规定、规范、标准、法规等）；执行就是按照计划去做，即实施；检查就是将执行的过程或结果与计划进行对比，总结出经验，找出差距；改进就是推广通过检查总结出的经验，针对检查发现的问题进行纠正，制定纠正、预防措施，并将经验转变为长效机制或新的规定。

对检验而言，严谨的管理同样体现在这四个方面，具体如下。

——严谨的计划明确检验发展方向。计划职能指对未来的活动进行规定和安排，是严谨管理的首要职能。在工作实施之前，需要预先拟定出具体内容和步骤，包括预测（分析环境）、决策（制定决策）和制定计划（编制行动方案）。

——严谨的组织决定检验队伍构成。组织职能是指为了实现既定的目标，按一定规则和程序而设置的多层次岗位及其有相应人员隶属关系的权责角色结构。为达到组织目标，对所必需的各种业务活动进行组合分类，授予各类业务主管人员必要职权，规定上下左右的协调关系，包括设置必要的机构，确定各种职能机构的职责范围，合理地选择和配备人员，规定其权力和责任，制订各项规章制度等。要处理好管理层次与管理宽度（直接管辖下属的人数）的关系，避免对立。

——严谨的领导确立检验行动指南。领导职能主要指在组织目标、结构确定的情况下，管理者要善于引导组织成员去达到组织目标，将自己的想法通过他人去努力实现。通常，领导职能包括激励下属、指导别人活动、选择沟通的渠道、解决成员间的冲突等。好的领导建立在严谨之上，做到公平、公正、公开，团结带领成员朝着共同的目标迈进。

——严谨的控制纠正检验数据偏差。控制职能就是按既定的目标和标准，对组织的各种活动进行监督、检查，及时纠正执行偏差，使工作能按照计划进行，或适当调整计划以确保计划目标的实现。控制是重要的，因为它是管理职能环节中最后的一环。

严谨的检验管理，还包括管理方法的严谨，严谨的管理方法是保障严谨管理的根基。

科学公正，守检测原则；严谨高效，成检验事业。

——江苏省医疗器械检验所　史志刚

第二节　严谨检验的现实意义

1. 科学技术的本质体现

科学是反映自然、社会、思维等客观规律的知识体系。科学使人能够对于客观事物及其规律有正确反映。尊重科学规律，按科学规律办事，由认识到实践，产生质的飞跃，也是严谨追求真理的过程。

技术是指人们从现实到达（或者说实现）理想目的的操作方法，包括相关的理论知识、操作经验及技巧。广义地讲，技术是人类为实现社会需要而创造和发展起来的手段、方法和技能的总和。具体到检验中，检验技术也包含了以理论知识、仪器设备和操作技巧为主的不同方面。技术是检验机构的核心要素，是检验机构生存与发展的依托。

科学技术活动就是要逐步精确地认识客观事物及其规律，推动技术实践运用。因此，必须具备科学立场和态度，稍有偏离，就是错误。正如列宁所说："只要再多走一小步，仿佛是向同一方向迈进的一小步，真理就会变成谬误。"

检验属于科学技术的范畴。科学技术活动就是要精确地认识客观事物及其规律，推动技术实践运用。因此，检验工作就要具备科学的立场和科学的态度。

检验科学和检验技术作为科学技术的重要组成部分，体现了科学和技术的特点和规律，不仅体现了自然科学对检验原理、检验标准、检验过程以及检验数据的严谨性要求，也体现了社会科学中对逻辑描述准确、严谨的要求。

2. 服务监管的客观需要

食品是人类生存的第一需要，药品和医疗器械是防病治病的特殊商品。食品药品安全关系到国民的身体健康和生命安全，是涉及千家万户、关系国计民生的大事。一点小小的食品药品事件都可能引起一次重大的社会危机。科学检验精神要求我们要以人为本，服从并服务于食品药品监管的需要，也就是要以人民的身体健康安全为本，把人民的利益作为一切工作的出发点和落脚点，不断满足人们的食品药品安全需求，促进人的全面发展和社会的和谐稳定。

严谨检验为监管决策提供科学依据，在监管工作中起到技术支撑的作用。当下，不法之徒制假造假手段越来越"高明"，伪劣商品的外观越来越仿真，技术隐蔽性越来越强。不仅普通公众难以识破，更是加大了监管工作的难度。

打击高科技犯罪，口说无凭，需要严谨的技术手段支持。检验工作者只有不断学习，刻苦钻研，练就科学检验的火眼金睛，才能为打击食品药品领域的犯罪活动提供最有说服力的事实依据。一旦发现假冒伪劣产品，就要在第一时间内，快速为监管部门出具严谨、真实的检验报告，为打击犯罪分子提供最重要的技术支撑。特别是在发现各种以高科技为手段的违法犯罪行为时，检验数据就成为依法打击的最有力的证据，它能够无情揭露不良企业的行为，使不法分子原形毕露。所以说，严谨检验结果的客观、公正，能够有力地支持食品药品监管部门依法行政、严格执法、打假治劣。

以严谨的作风检验，以求是的精神创新。

——江苏省医疗器械检验所　陆业俊

链接　2014年3月28日，国家食品药品监督管理总局和公安部在经济日报社联合召开新闻发布会，公布了2013年查处的食品药品违法犯罪案件中案情复杂、涉案金额较高、社会影响恶劣、具有警示作用的"食品药品十大典型案例"。

2013年，食品药品监管部门与公安机关密切配合，坚持民生导向，始终将打击食品药品领域违法犯罪工作摆在突出位置，持续开展了保健食品打"四非"、药品"两打两建"、"打四黑除四害"、"打击食品犯罪保卫餐桌安全"等一系列专项行动，强力打击整治各类危害食品药品安全的突出违法犯罪，取得了显著成效。据统计，全年各地侦破食品药品安全犯罪案件4.3万余起，抓获犯罪嫌疑人6万余名，有效防范了系统性风险发生，有力维护了百姓饮食用药安全。

在当前我国经济社会发展所处的特定阶段，受违法犯罪的暴利驱使，滋生食品药品安全违法犯罪的因素短时间内还难以消除，特别是随着近年来食品药品监管部门和公安机关持续不断的打击，食品药品安全违法犯罪出现了一些新情况、新特点、新动向。主要表现在：一是长链条跨区域案件明显增多。从原料的生产销售到有毒有害食品和假劣药品的生产、加工、运输、销售各环节，由作坊式生产向跨区域化、集团化、规模化生产发展，制售网络遍及城乡各地，各环节异地分散，发现查证成本高。二是利用互联网进行食品药品违法犯罪呈上升势头。随着物流行业、互联网的日益发达，网上销售假劣食品药品犯罪明显增多，扩散性、欺骗性更强，消费者更容易受骗。三是犯罪手法升级、活动愈加隐蔽。如制售、使用瘦肉精犯罪，以在饲料中添加瘦肉精为主要手段的"瘦肉精"犯罪生产源头基本打掉、主要销售网络基本摧毁后，犯罪分子变换手法，又先后出现在屠宰环节给生猪注射瘦肉精、在兽药中添加瘦肉精等违法犯罪现象，使发现查处难度加大。

针对近年来食品安全违法犯罪的形势、特点，各级食品药品监管部门和公安机关始终绷紧保卫人民群众食品药品安全这根弦，紧密配合，大力强化行政执法与刑事司法衔接，共同建立了线索共享、案件移送、协同查处、联合督办、共同发布信息等一系列工作机制。针对一些传统重点领域犯罪根治难度大、多反复、易反弹的特点，坚持行政主管部门源头治理、日常监管与公安机关重拳打击双管齐下，积极推动系统治理、源头治理，从根本上防范、遏制有毒有害食品和假劣药品危害人民群众身体健康。

经过各部门持续不断的打击整治，近年来我国食品药品安全形势持续稳定向好，但食品药品安全违法犯罪仍多发易发，治理难度加大，新的问题还不断出现，打击整治任务仍然繁重艰巨。2014年，食品药品监督管理总局和公安部将进一步推动相关领域立法工作，致力于建立最严格的食品药品安全监管制度，并对食品药品违法实施最严厉的惩处措施；进一步完善行刑衔接机制，保持打击食品药品安全犯罪高压态势。公安部已部署开展"打击食品药品犯罪深化年"活动。

3. 提升能力的重要途径

食品药品检验工作者的能力是直接影响检验工作效率，是检验工作任务顺利完成的个性心理特征。任何检验工作者要想提升自己的检验能力，只有一条道可以走，那就是在检验中坚守严谨的准则。

检验工作的基本要求就是严谨，通过严谨检验不仅能够保证检验结果的准确可靠，而且也能够促进检验工作者能力的提高。因为严谨检验要求检验工作者要有对工作高度负责的责任心，要有沉着冷静的心态，要有过硬的技术本领去对待检验工作。在这种要求之下，检验工作者必定以积极的态度去完成检验任务，无论是成功还是失败，都有经验教训可以汲取，都有利于检验能力的提升。

事实上，严谨检验就是要把严谨的精神品质灌注到检验工作的一切细节、一切过程中。理论的验证、技术能力的提升，都有赖于长期不懈的实践磨练。在历练提高的过程中，对检验理论的理解，对检验标准、方法"熟门熟路"的运用。对操作程序规规矩矩的遵守，严谨品格均起着决定作用。严谨检验能够促使检验工作者对检验工作的理解更全面、更贴切，从而进行理性思考、敏锐观察、严密思维，确保检验准确可靠。只有严谨才能在检验中发现问题，正确地处理问题。相反，没有严谨的实践，检验工作者的成长进步就无从谈起。

▶ **案例**：2012年4月20日下午，国家食品药品监管局召开了"全面部署药用胶囊质量安全专项监督检查行动"的电视电话会议。会后，甘肃省药品检验院领导立即组织相关检验科室进行实验准备，并调集各地州市检测中心人员同时进入铬胶囊检验的紧急备战状态。

4月21日周六一早，该院相关检验工作者在院领导的组织下，开展了一项全新检测项目的学习和探索性研究——胶囊壳中铬含量的检测。这项全新的检测项目不像常规检验，它的检验可谓危象环生，首先在样品的前处理中就给检验工作者"下马威"，不仅用以前的那种消解方法都无法将检品完全消解，而且在消解过程中还不时出现"爆管"；其次是样品消解好后检测中却出现很大的偏差，检测数据一点都不稳定。

针对如此棘手的问题，院领导组织相关检验工作者经过多人反复的试验和不断地研究，发现有的胶囊壳中含有二氧化钛，二氧化钛只有在氢氟酸中才能消解，这就迫使在原消解液中又加入氢氟酸，使消解液变成两种强酸，从而增加了消解过程的不安全性，导致出现"爆管"现象。检验工作者反复推究，探索出在消解之前先在电热板上120℃"预消解"半小时的方法，使样品的前处理达到实验的要求。

消解问题解决后，检验数据的不稳定和很大的数据偏差成了另一"拦路虎"，面对困难他们没有退缩也没有悲观，而是立马联系仪器厂家并查阅文献寻找可能出现的原因，又经过多人多次反复实验，最后发现铬元素消解液在玻璃量器中有吸收现象，这是造成测量偏差和实验数据不稳定的原因，需要用聚四氟乙烯量器。但是消解所用的酸还要进口酸，而该院却没有足够的聚四氟乙烯量器和足够多的进口酸供检验用。这时省局领导和院领导班子动用大量的社会资源，联系市疾控、省疾控、商检局、佛慈药厂、生物所、环境监测站等单位，借用了消解仪和消解罐、进口酸等设备和耗材，以供实验所需。在省局领导和该院领导及相关检验工作者的共同努力下，该院第一时间探索出了科学的胶囊中铬含量的检测方法。

严谨优良的工作作风使得该院针对一个全新的检验项目，在短时间内探索出科学的检验方法。

为了确保实验结果的及时上报，他们对实验人员进行了2班倒分组，每班分三个小组，保证人停机不停，每班连续24小时工作，交接班的时将实验中的注意事项以及工作中随时遇到的问题相互提醒。为保证实验数据的准确性，在检验的全过程中，每2小时进行一次实验数据的连续性和准确性的分析，并及时收集和汇总检验数据，在第一时间内将国家下达的铬胶囊中铬含量的测定任务全部高质量地完成了。

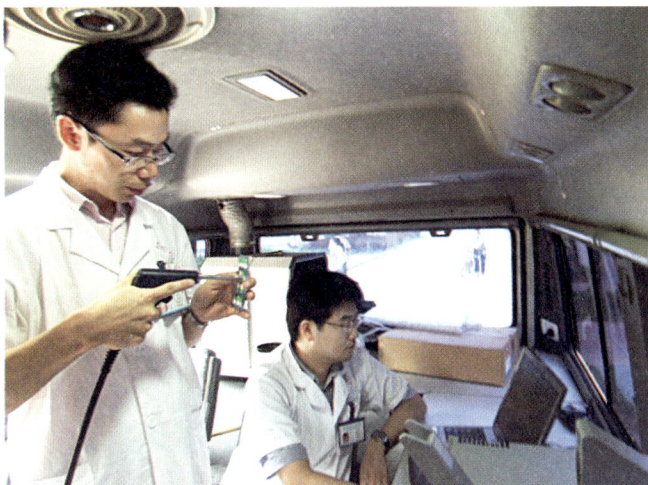

药品检验车上的快速检验

💡链接　**陕西省食品药品检验所在全省检验技能大比武中获优异成绩**

2014年11月7日、8日，陕西省食品药品检验检测技能大比武成功举办。这次活动由陕西省食品药品监管局主办。全省食品药品监管系统检验机构13支代表队参加了比赛。陕西省食品药品检验所获得团体第一名。

此次技能大比武分为理论知识测试和实验操作竞赛两大环节，设置食品、中药、化药专业组。理论知识测试实行单人单桌，当场拆封试题，严明监考纪律。实验操作竞赛秩序井然，参赛选手操作规范严谨，一丝不苟，现场分别有专人计时和打分。为体现比赛公平公正，特邀陕西出入境检验检疫局、西安交大医学院等单位的专家作为评委，评委针对每个实验步骤严格分段打分，评委集体汇总分数。整个比赛过程中省局监察室专人巡考监督，以保证比赛过程公正透明。

4. 提高公信力的必然要求

社会公信力，又称公信力，是指国家机关或公共服务部门在处理社会公共关系事务中所具备的，为社会公众所认同和信任的影响能力。

💡 链接　　恒天然"肉毒杆菌"乌龙上演并引爆"索赔潮"

新西兰拥有得天独厚的自然优势，逐渐成为全球最知名的乳源地之一，尤其备受中国这样的奶粉消费大国的关注，而在2013年8月3日，新西兰恒天然集团发布消息，旗下3批浓缩乳清蛋白受肉毒杆菌污染并波及包括3个中国客户在内的共8家客户。自此，该事件的舆情弥漫着整个8月。8月5日该公司首席执行官专程赶赴北京向中国消费者道歉，之后开始了相关召回工作。与此同时，中国市场上的乳品企业纷纷避嫌，撇清与恒天然的关系。面对在市场上造成的强烈震动，恒天然为了消除在中国的负面舆情进行了一系列的善后应对举措。在8月22日，恒天然集团宣称：新西兰政府委托进行的后续独立检测确认，恒天然浓缩乳清蛋白原料以及包括婴幼儿奶粉在内的使用该原料的产品均不含肉毒杆菌，至此恒天然肉毒杆菌事件终于以虚惊一场落幕。随着被称为"最严生产许可标准"的新版婴幼儿配方乳粉生产许可审查细则12月25日发布，据不完全统计，这已是2013年以来国家相关部门第十二道针对奶粉质量安全的"紧箍咒"。恒天然以及新西兰官方"宁可信其有"的主动披露

严谨相依 永远的职业坚守

只有严谨务实，才能精益求精。

——江苏省医疗器械检验所　姜迪

机制，以及对该事件所表现出的高度负责态度与过硬的检测技术，可以说让国人"开了眼界"。整个过程透明发布，其严谨态度由此可见一斑。

　　检验是对商品质量的评价。食品药品检验机构作为政府食品药品监督管理的技术支撑部门，检验工作正是体现着政府的信任和法律效力，检验结果是政府行政监管执法的重要依据，检验行为从某种程度上代表着政府施政的公正性。

　　法律所赋予的食品药品检验机构的检验权是一种公权力，食品药品检验的公信力就是使公众信任，也就是一种公平、正义、效率、人道、责任的信任力。这种信任不仅关系到食品药品检验机构在社会大众中的声誉和形象，也关系到政府的声誉和形象。社会公信力是食品药品检验机构生存和发展的基本因素。

　　▶ **案例**：河南省食品药品监督管理局迅速对媒体报道的企业产品进行抽样。2014年4月21日上午到达该公司，对发往加纳的留样产品及成品库全部批次产品进行抽样，共抽样9个批次送当地检验机构检验。河南省医疗器械检验所立即组织骨干力量进行检验，将检验过程摄像。仅用了1天时间就完成了该企业9个型号的产品检验，并将检验结果报告当地食品药品监督管理局。检验9批产品均合格，为企业挽回了信用，也维护了食品药品监管部门的社会公信力。

　　"民以食为天，食以安为先"，食品药品安全直接关乎社会和谐稳定。食品药品检验机构肩负着神圣使命，责任重于泰山。有无社会公信

检验事业无止境，严谨务实勇登攀。

——江苏省医疗器械检验所 杜珩

力，不是自封的，而是实实在在干出来的。科学严谨的检验是食品药品检验公信力的基石。其主要来源有以下几个方面。

检验机构依法施检

通过依法检验获得社会公信力。依法施检是指依据行政法规和技术规范所规定的范围和限制开展检验技术工作。行政法规包括法律、法规、部门规章、行政规章等，技术规范包括国际标准、国家标准、行业标准以及法律法规所认可的能够作为依据的技术要求。

检验过程独立公正

检验机构所保障和维护的是公众的健康利益。在检验实践过程中，检验工作者必须保持高度的独立性，依据科学和实验对检验结果进行公正的记录和评价。唯有独立和公正，才能有效地服从、服务于政府监管，从而获得社会大众的认可。

检验信息准确可信

社会公众不具备检测手段和方法，公众更多的是关切检验的结果，尤其是关注存在的质量安全问题。检验信息越准确，公众对危害的预期越了解，公众对检验机构的信心就越足，对使用产品的安全感就越强，检验机构的公信力就越高。检验机构确保检验信息的准确和可信，是树立公信力的关键。

严谨相依 永远的职业坚守

細節決定成敗，嚴謹方顯智慧。

——江苏省医疗器械检验所　黄慧颖

检验信息及时公开

检验是为了确保公众利益，因此，检验的信息必须及时告知公众。检验发现的问题可能会对公众产生潜在的危害，但也绝不能以此为借口拖延信息的发布，否则产生的危害不仅仅是公众的利益损失，更重要的是社会公信力的丧失。国家食品药品监督管理总局定期发布所监管产品的质量公告，对产品潜在的危害进行预警，并对不合格产品及时予以公布，是对公众利益的重大关切，是对社会公信力的不断积累。

第三节　严谨检验的具体表现

广东省医疗器械质量监督检验所开放式受理大厅

食品药品检验工作不像科学家做试验，他们即使99次试验失败，但只要有一次成功就意味着胜利，而检验工作可能99件检品都做好了，但只要一件检品做坏了，就可能给食品药品检验机构带来严重的负面影响。为此，在整个检验过程中，检验工作者必须始终保持严谨细致、谦虚谨慎的作风，做到"精雕细刻"，杜绝一切失误和差错。

保障人民安全用械，严谨作风从我做起。

——江苏省医疗器械检验所　陈小云

1. 检验受理过程中的"向导"

从业务受理开始，严谨宛若一位经验丰富、严于律己的向导，带领人们从这里走向严谨检验的世界。检验业务受理是检验工作流程中的第一步，严谨必须始终贯穿其中，为此，需要注意以下一些基本问题。

受检样品要在检验资质范围内

检验机构必须在国家授权的资质范围内开展检验，否则检验报告不具有法律效力。当然，如果仅仅是用于科学研究的样品，不需要出具检验报告，就不在此限制范围之内。

样品状态要符合要求

受检样品的状态是送到检验机构的初始状态，包括包装情况、外观情况、样品数量等信息。试想一下，如果样品送达时，包装破损，样品外观已经出现变形等问题，那么检验结论就容易受到质疑。样品也很需要人性化的对待，在存放过程中，不得出现变化。

需要送检人提供合法有效的检验标准

技术标准是依法检验的基础。如果企业提供的是注册产品标准或企业产品技术要求，就需要企业进行确认，以免将来发生纠纷。同时，业务受理人员要严格为客户保密，不得丢弃或泄露企业技术资料。

谨无巨细，慎之而行

——江苏省医疗器械检验所　高静贤

认真履行告知义务

检验报告书完成后，要以书面的形式及时告知委托单位。被检验单位对检验结论有异议的，可以自收到检验报告书之日起7个工作日内选择有资质的食品药品检验机构进行复检。承担复检工作的食品药品检验机构应当在法律规定的时间内做出复检结论。复检结论为最终检验结论。

谨慎应对各种情况

检验工作中还有各种非常规的检验和业务，譬如，分包协议的制定、复验程序、补充检验事项等等。以医疗器械产品为例，随着新颁布的《医疗器械监督管理条例》颁布实施，医疗器械检验业务受理就有很多需要注意和调整的地方，其中包括检验机构的资质管理、复检程序、补充检验项目和方法等内容。

2. 制定抽验方案的"名师"

抽样的方法和质量，关系到检验的质量。检验工作者要把严谨当作一个学识渊博、极端负责的名师，指导其制定抽验方案，使抽样方案科学、公正、可行。

💡 链接　过去，国家食品药品监管总局开展的医疗器械监督抽验还带有一定的摸索性质，随着对问题的不断发现和抽验经验的积累，国家医疗器械抽验已经形成全国食品药品监管系统相互配合、相互联动的科学抽验机制，并带动各级检验机构开展探索研究，不仅为监管提供依据，也为科学检验研究打下了良好的基础。

严格检验，慎下结论，支撑监管，保障安全。

——江苏省医疗器械检验所　陈涛

抽验方案包含抽样的对象、实施方法、抽样数量、抽样地点和抽样方式。抽样的覆盖范围讲究科学，讲究精准。譬如，抽样对象要明确是生产单位、经营单位还是使

抽样又称取样，从欲检验的全部样品中抽取一部分样品单位，基本要求是要保证所抽取的样品单位对全部样品具有充分的代表性。

用单位，是省级经营单位、市级经营单位，还是县级经营单位。不同级别的抽样，样本量是不同的，抽样量也有区别。在抽样的时候，是分散式抽样还是集中式抽样，结果也有很大的不同。这里面有很多学问，如果"失之毫厘"，就会"谬以千里"。

监督抽验不同于检验机构常规检验，有监督管理的需要。监督管理要求不一样，抽验的方案也就要有所不同。目前的监督抽验类型有多种，以医疗器械监督抽验为例，具体的抽验形式有针对性抽验、评价性抽验、专项抽验、在用医疗器械的现场抽验、跟踪抽验等。每种抽验的目的、范围、要求、侧重点均有所不同，抽验方案的制定也必然有很大差别。要做到每一种抽验方案具有科学的方法和依据，具有可操作性，

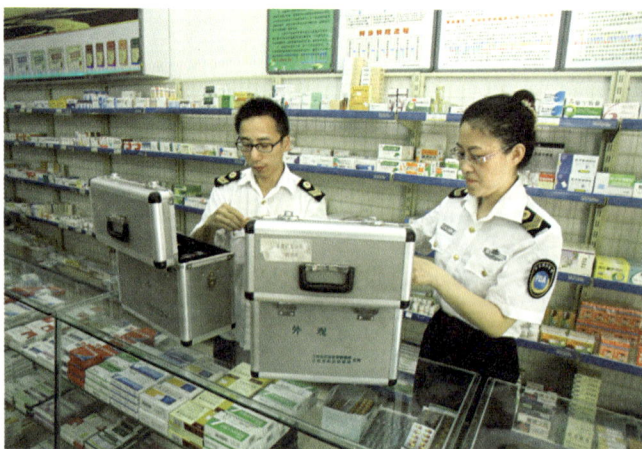

药品快速检验取样

研读标准，分条必究，碰易事多思，遇困难细想，小心谨慎，免除大患。

——江苏省医疗器械检验所　林少卿

从而更好地服务于监管的需要。科学的方法和依据首先是国家标准、行业标准和注册产品要求（技术要求）或技术规范等，并且能够在几种方案中进行合理的考察、选择。

抽验的落实还要依靠技术。这里说的技术，是实施抽验方案所设计的一系列技术性方法，抽验怎么一步步落实，如何相互衔接，这里面有较多的具体事务需要认真做好。譬如，抽样凭证的设计要考虑哪些关键信息，抽样编号如何能对样品进行统计，怎样保持延续性，以便于今后抽样编号类型的衔接。再如，抽样凭证中如何体现被抽样单位和抽样人员的确认，如何体现收样单位的确认。如果少了一项，就会出现衔接不当。通过采取补救措施，往往不如事前周密的设计。

抽验方案还要考虑到抽样的难度，譬如有的产品比较贵细或者进货量很小，就会造成抽样困难，抽不到或抽不全，进而影响整个抽验任务的完成。对此，制定抽验方案时要予以明确，以避免抽样时抓瞎。

小贴士　贵细药材，又称名贵药材，参茸贵细，细料，是指来之不易、物稀量少、疗效卓著、价值高贵的中药材。它们是中药材中之精品。

💡 **链接**　广东省食品药品检验所历时半年，运用移动办公技术，成功研发了基于平板计算机的现场抽样记录管理平台，于2014年7月正式投入使用。现场抽样记录管理平台主要用于进口药品现场抽样。通过3G网络，将LIMS系统中进口药品通关单、抽样人员、抽样时间、抽样地点等信息，推送至现场抽样记录管理平台；现场抽样人员手持平板计算机，根据平台上显示的信息，即可与抽样现场的品名、规格、批号、数量等

第二章　铁肩担道　严谨检验

进行一一核对，并在平台上准确快速地完成抽样记录单的填写和打印；抽样结束后，再通过3G无线网络，将平板计算机上的抽样信息远程上传至中心机房。整个抽样过程规范、准确、实时、高效，实现了LIMS系统与现场抽样过程的无缝连接。

3. 检验过程中的"警察"

检验的过程通常比较复杂，有的甚至时间漫长。检验程序启动之后，检验工作者就像驾驶汽车驰上了高速公路的司机，按照严谨要求，不仅要全神贯注地把握方向，还要聚精会神地控制好速度，否则就有可能违规甚至发生事故。此时，严谨如同一位铁面无私的警察，一路与你伴行，监督着你的举动，指挥着你的路径，纠正你的偏差，使你安全、顺利地抵达目的地。

规范操作程序是保证检验过程中不错检、不漏检，保证检验的方法不偏离、不走样，保证每一批检品都按照作业指导书的规程进行有序地检验，最终确保检验过程的完整性和结果的准确性。

> **小贴士**　作业指导书（Working Instruction）是指为保证过程的质量而制订的程序。

检验要有据可依

食品药品检验不仅要符合国家法律法规的规定，还要符合检验标准的要求。检验标准是检验机构从事检验工作在实体和程序方面所遵循的尺度和准则，是评定检验对象是否符合规定要求的准则。目前，药品的技术标准相对比较成熟，《中国药典》覆盖的内容日趋全面且权威。而食品、化妆品、医疗器械检验产品种类多，技术要求复杂，检验标准体系很不完善，亟待建立健全。

实验过程要客观记录

原始记录应是能展示整个检验过程的最详细最直观最原始的文件，应是能全方位地体现检验过程的严谨性和科学性的记录文件，是未经最终整理分析的第一手资料。在原始记录中必须详细的记录检品的信息，如检品名称、编号、规格、生产单位、生产批号、样品外观等，除此之外，检验的项目、依据或标准、检验的方法、检验工作者和检验日期、检验的环境和条件、检验设备仪器的编号等都应在原始记录里有完整体现。检验原始记录应该程序化和规范化，在检验过程中及时填写，不得随意更改和删除。原始记录要求体现检验的最原始性，在过程中观察的现象、记录的数据和计算，都应是动态的，在产生的当时就要予以记录，以便能随时发现可能存在的问题，识别不确定度的影响，确保检验结果的可信和可追溯。

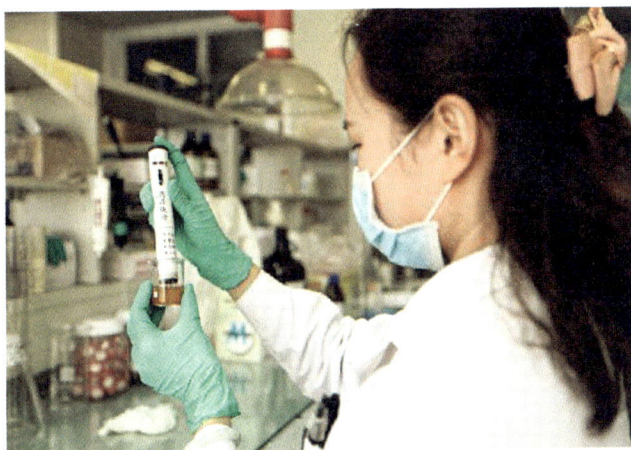

药品检验工作者在检验

严谨的态度可创造最佳境界。

——陕西省西安市食品药品检验所 高安成

检验过程要细致谨慎

检验的每一步都要严格地遵守作业指导书的要求，这样才能循序渐进、有条不紊。检验样品不论是一瓶试剂，还是一份标本，拿到手上要先仔细看看，不要蒙着头就做。要养成严谨的好习惯。如果是试剂，应看看是不是你需要的、批号对不对，千万不能凭感觉拿起来就用。尤其是要注意，越是忙的时候越不能犯错。在各种任务同时压下来的时候，一定不能乱了手脚，要沉着、冷静，实验室的规定务必恪守，正常的试验步骤一步不可少，需要记录的内容一个标点符号都不能少。

💡 **链接** 广东省医疗器械质量监督检验所总工程师王培连："我们在做实验的过程中要有自己原则，检验标准中规定的方法要坚决遵守，不能因为工作繁忙或是企业要求而随意变更方法。对每一个环节、每一个步骤都做到细致到家、无懈可击。"

严谨检验需要非标方法

在食品药品检验领域里，仅仅依靠现有的标准检验远远不够。当下，新产品研发加快，食品、保健品、化妆品的新产品更是层出不穷，需要在没有现成技术标准的情况下检验产品质量问题，这是对食品药品检验工作者能力的考验。解决非标检验方法的途径有以下几种：非标方法可以查阅国际标准，跟踪最新的技术动态，将国际标准中相关的规定引用采纳，作为非标方法的技术要求；非标方法可以参考其他行业中近似的技术要求，并对所检验产品或对象的危害性进行评估，以制定合理恰当的评价标准；非标方法可以参考一些测量理论，制定可行的检验方

严谨相依　永远的职业坚守

> 严谨，是检验者自我保护的基础。
>
> ——陕西省西安市食品药品检验所　张越华

法。很多标准的技术方法是从非标方法转化而来，这也是探索标准技术方法过程中的必由之路。

💡链接　在新颁布的《医疗器械监督管理条例》中，已经明确规定，对于某些特殊产品的检验，若无标准检验方法，非标方法经食品药品检验机构同意，可以作为检验评定的依据。这就为非标检验方法的研究和制定提供了政策法规依据。

检验科学要严谨探索

检验机构要关注检验科学与检验技术的新动态，跟上科技发展的步伐。最典型的技术变化是各种检验技术标准的更新。国际标准化组织和国家标准化管理委员会经常对一些标准的内容进行调整和更新，也会有不少新的标准发布。检验机构要根据技术标准的更新和变化情况，进行新旧标准的技术对照，核实检验仪器按照新标规是否有效适用，注意解决过去的SOP（标准操作程序或作业指导书）是否继续有效、报告表述形式是否调整等问题。如果发现标准变化后，原有仪器参数已经无法满足要求，就要调整检验适用的产品或者购置新的检验仪器；标准要求或方法变化的，要及时调整或制定新的SOP，并对新的SOP进行有效性验证，报告表述不当的地方，也一并按照新要求进行恰当的修改。

💡链接　"医用防护口罩"产品最早的国家标准是GB19083-2003《医用防护口罩技术要求》，当时标准中对口罩的密合性做了术语方面的解释，但并未制定密合性的技术要求和检验方法。实际的使用中，该产品的密合性指标非常重要，因为如果医用防护口罩的密合性效果不好，其他的"过滤效率"指标合格并不意味着产品质量就够好，空气会通过口罩密合不严的部位进入呼吸道，口罩过滤功能近乎虚设。因此，在更新后的标准GB19083-2011《医用防护口罩技术要求》中，就增加了"密合性"要求和试验方法，并对"密合性"的术语进行了更准确的定义。检验机构对此就要增加新的实验设备，并按照新标准制定SOP，并通过一定的试验来验证SOP的有效性。

4. 检验报告的现时"法官"

检验报告是检验机构出具的最终产品质量状况鉴定报告书，具有一定的法律效力。报告书本身的质量是否合格、有无问题，由严谨这位高明的"法官"来判决、裁定。

从检验结果的填写到检验报告的发放，每一个环节都要符合法律、规章的

> **小贴士**
>
> 检验报告书是检验机构应申请检验工作者的要求，对送检样品进行检验以后所出具的有关检验结果和结论性鉴定的一种客观的书面证明。

规定，否则无效。无效就会直接影响检验机构的公信力和权威性。而审核人是检验过程的最后一道防线，也是检验报告各种问题总的审核。报告审核肩负着监督的重要责任，要负责对日常检验报告技术审核和形式审核，对全部检验内容进行校对和检查。

审核报告书主要是形式审核，但形式审核严谨起来也能够发现一些技术问题。譬如，检验报告的结果填写是否与检验要求一致。如果检验要求中格式为数值范围，检验结果就一定要落在这个数值的范围内；如果检验要求中

的单位是国际标准单位，那么检验结果中就不能填写其他标准单位，如检验要求单位为千帕（kPa），检验结果就不能填成毫米汞柱（mmHg）。

检验报告应对样品信息有详细和准确的描述，不能有存在异议或歧义的内容。检验报告中的项目要求应与技术标准和技术规范一致，检验项目要求为数值的，检验结果应填写数值；检验项目要求为文字描述的，对应的检验结果描述要与其一致。

可以说，检验中哪个环节出现的问题都会在报告审核中体现。因此，报告审核是对问题的集中处理，是严谨检验路上的最后一道关卡，前面已经过五关斩六将，到了最后关头不能"败走麦城"功亏一篑。譬如，经常接触医疗器械检验报告的检验工作者都会注意到这样一个问题，通常一次性使用无菌医疗器械对无菌项目都有检验要求。无菌项目的具体要求一般为"应无菌，无菌有效期二年"。这句话很短，但很不简单。"应无菌"是对产品为无菌产品保证的要求，言简意赅但非常明确，就是要满足到GB14233.1标准中对无菌的要求。而"无菌有效期二年"是企业要对灭菌的产品在二年内保持有效的保证。

无菌的验证通过GB14233.1的检验方法可以在两周左右的时间完成，无菌有效期的验证通常由企业通过二年的存放验证，目前检验机构很少通过加速的方法进行验证。过去，检验报告由于不够严谨，将无菌检验要求的所有内容都列在报告中，并下结论为符合要求。其实，若只是对无菌进行验证，只能对前半句"应无菌"要求下明确结论。业务科（室）在审核报告的过程中要认识到这个问题，及时纠正错误，对检验报告中关于无菌的要求进行规范。

通常情况下，一个省级食品药品检验机构的业务科（室）平均每天

严谨细致，万无一失。

——陕西省西安市食品药品检验所　张文强

都有几十份报告发出，多的时候每天达到几百份。报告审核人整天正襟危坐，对着一堆堆材料"挑字眼、找毛病"。材料堆积如山又不断地被"削平"，"削平"之后旋即又堆积起来，循环往复，永无"止"境。只有高度用心，才能发现报告上最细微的瑕疵，保证报告准确完备，有时一字之差也会引起严重纠纷。若不严谨，检验报告就会变成一张废纸，甚至是一颗"定时炸弹"。所以，报告审核必须非常严谨，要有如履薄冰、战战兢兢之审慎，又要有明察秋毫、举一反三的眼力。总之，检验报告既体现了食品药品检验工作者高度的严谨，又是高度严谨的最终产品。

💡链接　2011年曝光的云南省文山州食品药品检验所为制药企业通过GMP而帮助其造假的事件，就是典型的案例。该企业2010年一起送检的5个"三七"样品，等到检验报告出来后，却变成了5个不同年份的检验报告。而且这几份检验报告漏洞百出，特别是在签发时间的问题上，更是前后矛盾。

本案中，当事人徇私枉法、极不负责、知法犯法，帮助企业造假，严重地违背了职业行为准则，导致了企业违法事件的发生，给企业造成了很大的损失，败坏了检验机构和检验工作者的形象。

检验不严谨则如在薄冰上行走。

——陕西省西安市食品药品检验所　白雪

5. 标准制定与实施中的"领导"

"没有规矩不成方圆",标准的制定与执行在任何领域都是必须与必要的。从不同角度可以定义标准的内涵:为了在一定范围内获得最佳秩序,经协商一致制定并由公认机构批准,共同使用的和重复使用的一种规范性文件;标准是对重复性事物和概念所做的统一规定,它以科学、技术和实践经验的综合为基础,经过有关方面协商一致,由主管机构批准,以特定的形式发布,作为共同遵守的准则和依据;标准是由一个公认的机构制定和批准的文件。它对活动或活动的结果规定了规则、导则或特殊值,供共同和反复使用,以实现在预定领域内最佳秩序的效果。

检验标准是检验的重要组成部分

检验标准为检验工作提供技术依据,是检验工作得以立足的基石。检验标准的水平高低直接影响到检验结果,也是促进药品、药包材、医疗器械、食品和保健食品、化妆品质量提高的技术手段。随着科学技术的发展,检验标准也要跟着产品和服务的更新不断地完善和提高,才能够面对越来越复杂的产品和服务环境发挥检验的监视作用,为检验的发展提供支持。检验标准的制定需要严谨的态度,检验标准的执行需要严谨的规范。严谨引领着标准制定、实施的最佳方案的思考与选择。

标准的科学性为行业的发展推波助澜

在市场竞争日益激烈的环境下,标准界流行着这样的一句话"三流企业卖苦力,二流企业卖产品,一流企业卖专利,超一流企业卖标准。"

检验的严谨态度源于我们对生命的态度。

——广西壮族自治区医疗器械检测中心　强小龙

也因此才有这句"得标准者得天下"的论断。标准对于检验事业的重要性不言而喻，标准的制定与实施使检验检测结果更具有科学性、可靠性、公正性和权威性。

新技术、新产品、新成果催生标准完善

随着社会经济的进步及科学技术的飞速发展，市场中不断涌现出新产品、新技术和新成果。对于一个新产品的科学检验和公正评价，需从指标选择及标准制定开始。检测标准的制定是一个从无到有的探索过程，指标选择要准确反映产品的安全性、有效性和专属性，是产品质量的一个抽象还原。如果标准规定的指标过低或过高，就不能保证产品的质量及使用效果，检验就失去了意义。因此，检验事业离不开标准的科学制定。

链接　20世纪以来，化学药品问世，特别是磺胺和青霉素的研制成功，使制药工业迅速发展，新药品种大量上市，药物种类急剧增加。药品升发、生产的快速发展促进了食品药品检验工作的蓬勃开展，这是机遇，但同时又带来了挑战。我国从1953年第一版《中华人民共和国药典》（以下简称《中国药典》）颁布，随后陆续出版了八版。每版《中国药典》均颁布有增补本。前三版因为历史原因，出版间隔时间较长，从1985年开始，每5年出版新的药典，也是从1985年开始，开始有英文版的《中国药典》的出版。从

加强学习、注重实践，严谨务实、扎实工作。

——广西壮族自治区食品药品检验所　桑彤

1963年版开始至2000年版，药典分为一、二部；从2005年版药典开始，药典分为一、二、三部。药典一部收载药材和饮片、植物油脂和提取物、成分制剂和单味制剂等；药典二部收载化学药品、抗生素、生化药品、放射性药品以及药用辅料等；药典三部收载生物制品。现行版《中国药典》药品标准收载的品种、内容更加的完善、科学、规范。在保持科学性、先进性、规范性和权威性的基础上，提高了国家药品标准的水平，使药品质量安全性得到进一步的加强。

标准在一定时期内要保持相对稳定

标准在一定时期的相对稳定有利于市场的稳定发展。但是随着科学技术的发展及质量需求的提高，市场也在产生着翻天覆地的变化，检验标准必须不断完善和提高。在完善检验标准的过程中包含着大量的未知：对产品检验标准的认识是一个从片面到全面，从表面到实质、从复杂到简单的过程；检验标准中存在的问题需要及时地发现和反馈，为标准的更新、修订和提高提供可靠的依据，不断完善、发展和提升检验标准，建立更科学规范的质量评价体系，从而更好地评价产品质量。整个过程的评价、实施与标准的制定无一不需要严谨的态度来对待，"失之毫厘，谬以千里"，在对待民生的问题上，容不得一点马虎。

💡 链接　部分化妆品标准缺少能体现产品性能的关键性指标，起不到质量控制作用，如洗发液标准QB/T1974-1999对该产品中的去污、发泡效果采用有效物含量这一指标进行衡量，而同样具有去污、发泡效果的洗面奶等清洁类化妆品标准中就无这项指标要求，造成无法对该类化妆

严谨慎重，检验之魂。

——山东省食品药品检验研究院　石峰

品的清洁作用进行衡量，给一些伪劣产品制造者带来可乘之机。近几年来，由于化妆品的生产工艺有了很大的改进，一些影响化妆品卫生质量的设备、管道、容器材料被逐渐淘汰，代之以更为先进、卫生的材料，生产过程的卫生管理逐步得到规范，这些条件都为提高化妆品卫生质量，把卫生指标控制在较低水平提供了技术和物质保证。从检测数据也可以看出目前市场销售的化妆品中铅和砷已远远低于现行的国家卫生标准。因此，现行国家标准已经降低了对化妆品卫生指标的约束力，失去了对进一步提高国产化妆品的卫生质量应有的规范作用，标准滞后，不能适用市场经济发展的需要。

第四节　严谨检验的文化魅力

文化是一面旗帜，文化也是一种核心竞争力。有一位成功人士说得好："一个单位，一年的成功靠运气；十年的成功靠管理；百年的成功靠文化。"可想而知，文化在一个单位、一个系统乃至一个国家的作用。加强文化建设可以使一个单位蒸蒸日上，使一个民族经久不衰，使一个国家日新月异。

社会各行各业都有自己的文化。文化代表了这个行业的活力，也是这个行业综合竞争力的体现。具体而言，文化对内是一种向心力，对外则是一面旗帜，是制度运行的基础。文化建设的根本在于引领人的全面发展，培育人的信仰和精神，营造优良的工作、发展环境，从根本上改变职工的工作理念和态度，推进事业的健康发展。

> **小贴士**
> 文化，是指人类在社会历史发展过程中所创造的物质财富和精神财富的总和。

食品药品检验事业的发展进步，需要先进文化的引领。具有食品药品检验特色的文化建设服务于食品药品检验事业。通过食品药品检验文化建设，以先进文化教育人、感染人、鼓舞人，有利于营造团结和谐、心齐气顺的工作氛围，有利于创新管理机制，提高检验能力。食品药品检验文化的内容包含严谨检验文化的培养与形成。

食品药品检验机构文艺汇演

1. 严谨检验形成了独特的文化现象

严谨是在食品药品检验过程中所表现出一种专注的精神状态。这种专注的精神状态背后，是检验工作者对自己责任、使命的认知，这是他们在工作中永远保持"亢奋"的精神状态的支点，由此，形成了整个团队的一种信念和优良习惯，进而不断沉积形成一种文化。

质量方针是对严谨检验的集中概括

食品药品检验系统形成的独具特色的文化，在检验机构得到了广泛体现。各级检验机构的质量方针是食品药品检验系统在严谨检验的工作实践中总结归纳出来的，具有"行规"效力，是严谨检验工作的历史积

严于律己，谨于检验。

——浙江省杭州市食品药品检验研究院　卢智玲

淀。每个食品药品检验机构都有明确的质量方针，这些质量方针内容各有不同，但共同点都体现了严谨检验的要求。以最具代表性的中国食品药品检定研究院的质量方针为例，"科学、独立、公正、权威"八个字体现出科学精神、严谨检验的特征。科学是检验的前提，食品药品检验系统具有尊重科学、探究科学的传统；独立是检验科学性的根本保证，科学检验排除主观意志的左右和物质诱惑的干扰；公正是依法检验的基本要求，只有科学、独立，才能确保公正，没有公正，数据就不可信；权威是检验的公信力所在，只有科学的、独立的、公正的，才是真正权威的。"科学、独立、公正、权威"质量方针，已经形成全国食品药品检验系统共同的认识、共同的规范和行为优良习惯。

管理文化是严谨检验的丰硕成果

严谨检验的实现，不仅有赖于检验工作者的科学精神和严谨品格，还有赖于食品药品检验系统的科学管理。管理出效益，管理出人才，管理出文化。长期以来，以中国食品药品检定研究院为龙头的全国食品药品检验系统在人才管理、设备管理、目标管理、质量管理等各个管理领域，逐步积累了经验，形成了食品药品检验管理文化。其最大特点有三个，一是以人为本，关心人，尊重人，理解人，注重打造讲团结、有本领的队伍。二是尊重人才，把人才作为推动检验事业发展的第一资源，做到真心培养人才、爱护人才。三是艰苦奋斗，努力创造技术一流、管理一流的检验机构。实际上，无论是以人为本还是尊重人才抑或是艰苦奋斗，根本的目的只有一个，就是调动和激励全体员工立足本职、奋发有为的工作积极性，通过施行严谨检验，确保检验数据和结果准确可

> 检验之道，贵在严谨。
>
> ——浙江省杭州市食品药品检验研究院　张伟

靠、万无一失。有效的管理保证了严谨检验的践行。

团队整体作风来自于严谨品格

在这个世界上，任何一个人的力量都是渺小的，只有以共同理想、信念、目标、追求形成的团队才能齐心协力，拧成一股绳，朝着一个目标努力。例如，陕西省医疗器械检测中心自成立以来，始终弘扬团队精神，充分调动员工工作积极性，正确引导员工树立"爱中心、做中心主人"的理念，在中心营造团结互助、和谐共事、积极上进、无私奉献的文化氛围。通过十年的努力，特别是进入21世纪以来，中心的发展突飞猛进，从成立时的6人发展到现在的80多人，检测能力从28项发展到858项，处于西部领先的地位。正是因为团队整体素质的提高，造就了今天的陕西省医疗器械检测中心。可见，一支政治合格、素质优良、技术精湛的团队，是靠平时严谨品格的养成打造出来的。

▶ **案例：** 广东省食品药品检验所作为全国第一个也是唯一一个实行依照国家公务员管理的省级食品药品检验所，近年来逐步形成了"以监管需求为中心、以服务监管为根本、以检验能力为基础、以科学规范为前提，实现药品检验与药品监管协调发展"的兴所理念。通过机制创新，率先实行大规模聘用合同制技术人员、大规模租借实验室、对仪器设备定期折旧更新等运作方式，开展多层次人才培训，引入先进手段加强检验管理，克服了任务重、人员紧、待遇降、体制新等困难，实现了超常规的发展，取得了令人瞩目的成绩。该所研制的西地那非（"伟哥"）快速筛查方法在全国推广应用，荣获广东省科技进步二等奖、广东省优秀专利奖和全国优秀专利奖；在"齐二药"事件处理中，仅用5天时间就查出假药所含的危害物质"二甘醇"，立下了特殊战功。

检而优则学
行而优则善

广东省食品药品检验所网站用语

2. 食品药品检验队伍的文化传承

科学检验精神是在我国食品药品检验实践中形成的共同信念、价值标准和行为准则。它是食品药品检验队伍长期工作中形成的行业文化，是社会主义核心价值体系的典型体现和生动实践。

中国食品药品检验事业伴随着新中国的成立一起发展成长。在这一过程中，逐步建立了一支具有严谨品格的检验队伍。新中国诞生后，全国各地开始筹建食品药品检验所，逐步形成了从中央到省、地（市）、县的四级食品药品检验网络。改革开放以来，食品药品检验机构和食品药品检验工作不断发展，中国食品药品检验逐步形成系统和规模。在全国食品药品检验机构中，国家级和省级检验机构近百个，地（市）级食品药品检验机构数量更加庞大，构成了全国食品药品检验系统一盘棋。

严谨相依　永远的职业坚守

💡链接　中国食品药品检定研究院的前身是于1950年成立的中央人民

政府卫生部药物食品检验所和生物制品检定所。1961年，两所合并为卫生部药品生物制品检定所。1998年，由卫生部成建制划转为国家药品监督管理局直属事业单位，命名为中国药品生物制品检定所。2010年，更名为中国食品药品检定研究院。

中检院前身创建于20世纪50年代初期，经过几代人的不懈努力，几经演变，逐渐形成中国食品药品检定研究院。中检院的成立，标志着食品药品检验工作由最初的单一性生物制品检验向食品药品、医疗器械、化妆品领域的全面覆盖，这一演变的过程，是几代食品药品检验工作者艰苦奋斗、无私奉献的结果，积淀着中国食品药品检验传统，形成了中国的食品药品检验文化。60多年的发展历程，中国的食品药品检验工作者以严谨的工作态度，扎实的工作作风，精益求精的精湛技术，一丝不苟的创新精神，形成的食品药品检验文化，在继承中发展，在发展中提炼，最终总结出了科学检验精神，为中国食品药品检验事业的发展设定了目标，指明了方向。

打造中国食品药品检验品牌，是全系统的共同目标。在向这个目标大步迈进的进程中，形成了中国食品药品检验队伍的优良作风。不可否认，在全国食品药品检验队伍中的确有一些人素质不高、能力低下，甚至也有个别的害群之马。但从整体上看，这支队伍依旧是一支作风严谨、本领过硬的队伍。他们敬业，热爱食品药品检验工作，对本职工作专心、认真、负责，埋头苦干、默默无闻、不怕困难、不惧风险、不畏艰难；他们诚实，忠实地履行自己应当承担的责任和义务，言行一致、表里如一，做老实人、说老实话、办老实事，遵守诺言、讲求信誉、注重信用；他们公道，坚持真理、公私分明，在处理检验问题时，能够站在公正的立场上，按照一个标准办事，做到公平、公开、公正，不以私损公，不出卖原则；他们自律，要求自己比较严格，堂堂正正做人，干干净净做事，严格遵守党纪国法，能够坚守"底线"。因而，在食品药品检验领域内部形成了勤奋、爱岗、严谨、奉献的风气。这种独特的文化现象，是在严谨检验过程中形成的。

我们不会忘记那些为了保障人民群众饮食用药安全、为了检验事业的发展而呕心沥血、埋头苦干、无私无畏直至献出了自己宝贵生命的英雄的中国食品药品检验工作者。天津市药品检验所原所长高立勤就是其中的优秀代表。她在入党志愿书上，字迹工整地写道："在平凡的岗位上做出贡献，就是为党旗添彩增光！"她在短暂的生命里，用行动践行了对人民的忠诚。她的生命永放光华，她的事迹与天地同辉。

个人的严谨规范是一种良好的行为习惯，集体的严谨规范是食品药品检验机构必须具有的优良传统。在检验事业长期的建设与发展过程中，人与人之间所形成的价值观念、文化特征、风俗习惯、道德标准等，会在组织活动过程中渗透到每一名成员的思想之中，并成为凝聚成员的精神力量。科学检验精神，就是这样一种在中国食品药品检验系统的长期实践中积累、传承、发展和浓缩而成的一种理念和精神。回顾过去，严谨务实的精神引领了一代又一代的检验工作者同舟共济、克服困难、开拓创新。尽管当前科学检验所面对的机遇和挑战与以往大不相同，但是科学严谨、认真负责的态度在任何时期都是做好一切检验工作的前提和保障。其重要性是不言而喻，需要新一代的食品药品检验工作者长期不懈地坚持并发扬光大。

严谨终始，方举大事。

💡 链接　　　　　　**中检院帮扶地市级检验机构提升能力**

"满怀期望而来，满载收获而归！"在全国第一期药品医疗器械检验检测高级进修班总结会上，34名来自全国地市级食品药品检验检测机构的技术人员，饱含深情地汇报了在中国食品药品检定研究院进修一年来的体会。

近年来，全国地市级食品药品检验检测机构不断发展壮大，在基础建设和硬件设施上纷纷"升级"。而在发展的同时，它们也遇到一些共性问题：检验工作者能力参差不齐、实验室质管体系不完善、食品检测能力不足等。

为提高地市级检验机构业务能力，加强人才队伍建设，中检院于2012年11月举办全国第一期药品医疗器械检验检测高级进修班，从地市级检验机构中选拔技术骨干到中检院免费进修一年。为了减轻基层费用负担，中检院承担了第一期所有学员进修期间的食宿费用。

来自地市级检验机构的34名优秀技术人员，被分配到中检院中药所、化药所、器械所、标化所的14个科室。中检院制订了进修方案，实行指导老师负责制，负责学员日常培养与指导。为帮助学员实现从"检验匠"到"研究员"理念的转变，在带教老师指导下，学员不仅深入学习检验检测、标准物质研制等业务知识，还参与科研课题研究，亲历了中检院第三方验证、PQ认证等工作。

为了加强对基层检验工作的业务指导和技术帮扶，今年初，中检院进行了专题调研，根据基层的培训需求，设计了由26个业务模块内容组成的培训教材，并抽调21名业务骨干担任讲师。今年7月和10月，中检院分别在山东烟台、江苏泰州和江西赣州举办了3期模块化培训班，每期培

107

训覆盖一个省的地市级检验机构。

在每期4天半的集中培训中，围绕实验室质量管理、仪器管理和操作、检验方法等内容，讲师们结合贴近基层实际的案例，深入浅出地讲解理论知识。培训还结合各省地市级检验机构的共性和个性需求，调整模块内容，增强培训的针对性。"通过高级进修班、模块化培训，我们走出去授课、选进来培训，这是中检院推进全国食品药品检验检测系统人才队伍建设的全新尝试。通过这样的方式，我们也找到了一条了解食品药品检验系统基层呼声和需求的渠道。""下一步，中检院将不断改进和完善培训方式，适时制作统一的培训教材供全国食品药品检验系统免费共享。通过发挥带动、引领和示范作用，推动食品药品检验系统加快形成贴近需求、服务监管、资源共享的技术支撑体系。"

3. 食品药品检验队伍的使命担当

随着体制改革的深入，我国食品药品检验机构和队伍不断发生变化，但严谨的品格不会变，身负的使命也不会变。检验工作对于我国食品药品监管方式的改革创新来说，将越来越重要，检验机构将会拥有更加广阔的舞台。它将不仅要为监管部门检验，而且要为更多的企业、团体和社会大众提供优质、高效的检验及其相关领域的服务，担当起保障安全、服务民生、促进发展的崇高使命。

国民食品药品安全的护卫者

食品药品安全是国民的基本安全，没有食品药品的安全，其他安全都无从落地。保障公众饮食用药安全，作为第一责任人的食品药品生产经营企业责无旁贷，作为监管部门委托执法的食品药品检验机构义不容辞。但此"义"并不是冲在一线去稽查打假，而是通过对具有代表性的样品的质量检验，为监管部门行政执法提供具有法律效应的检验报告。行政执法正是凭借检验报告，去依法惩处那些制售假劣食品药品的违法犯罪行为，从而使人民群众免遭伤害。如果说，行政执法人员是前方勇士的话，那么，食品药品检验工作者就是幕后英雄。

国家健康产业发展的促进者

健康产业是我国国民经济的重要组成部分。进入21世纪以来，我国健康产业一直保持较快发展速度，但自主创新能力弱、技术水平不高、产品同质化严重、生产集中度低等问题十分突出。食品药品检验拥有国内一流的科研技术实力。要抓住国家大力发展健康产业的机遇，主动作为，通过先进标准的制定、推广和质量检验，帮扶企业提高自主创新能力，推动企业按照生产进行改造，淘汰高耗能、高耗水、污染大、效率低的落后工艺和设备，严格控制新增产能，增强产品竞争力，做我国健康产业又好又快发展的促进者。

▶ **案例：**四川省食品药品监管局积极鼓励医药企业向集团化、集约化方向发展，促进大型企业集团做大做强，发挥监管的引导作用，支持培育生物制药领域新的增长点。在行政审批中，实行"一站式"服务。协助有关部门完善药品招投标，体现优质优价原则，防止低价劣药扰乱市场，给名优产品更好的生存发展空间。

为响应四川省食品药品监管局的号召，大幅度提高地方习用药材标准的控制水平，完善中药材技术标准评价体系，促进"医、教、研、产"及地方经济发展，四川省食品药品检验检测院等单位承担了《四川省地方习用中药材质量标准的提高研究》科研项目，这一项目完成后荣获四川省政府科技进步二等奖。

该项目针对《四川省中药材标准》1987年版和1992年增补本已有23年未作修订、18年没有做品种补充的现状，开展了品种清理和标准的提高研究，形成了《四川省中药材标准》（2010年版）。该成果新增51个品种，有31个首次在地方标准中收载；首次掌握了65个品种的薄层鉴别方法，38个品种的含量测定方法和首次建立了3个品种的重金属及有害元素检查档案。

国际标准的参与者

国际标准是指国际标准化组织（ISO）、国际电工委员会（IEC）和国际电信联盟（ITU）制定的标准以及国际标准化组织确认并公布的其他国际组织制定的标准。国际标准在世界范围内统一使用。当下，标准已经成为最重要的行业发展因素，谁的产品标准一旦为世界所认同，谁就会引领整个产业的发展潮流。因此，逐渐参与到国际标准的制定和研发之中，以此获得与国际巨头同等的话语权对中国企业来说，是至关重要的。很多国外的企业要求参与制定中国的国家标准、行业标准，就是要从制定标准中获得最大的利益。食品药品检验工作者对这种状况不能视为与己无关，无动于衷。要主动走出去，积极开展食品、药品、医疗器

> 严谨自律，清风自来。
>
> ——吉林省药品检验所 黄祥

械、保健食品、化妆品安全相关检验工作的国际交流与合作，抢抓制定食品、药品、医疗器械、保健食品、化妆品质量安全相关国际标准的机遇，最终成为有关国际标准的制定者，做我国企业走出国门、走向世界的推动者。例如，江苏省食品药品检验所张玫女士承接我国首次国际药典科研任务，负责盐酸左旋咪唑片标准起草。她第一个完成标准起草工作，第一个通过世界卫生组织专家评审，此后，又承担了多个标准起草任务，为中国食品药品检验工作者争了光。

又比如，国家食品药品监督管理总局医疗器械标准管理中心积极协调ISO/TC249成员国，指导上海医疗器械质量监督检验中心代表中国在ISO/TC249第四届国际年会和工作组会议提出脉搏传感器标准立项。该立项获得了加拿大、澳大利亚、美国、泰国、南非等绝大部分成员国与会专家的支持，提案直接进入ISO公开投票程序。脉搏传感器国际标准提案成功立项，是我国医疗器械标准化组织牵头主导国际标准制定的开端，也是中国医疗器械标准国际化的重要里程碑，将有利于积极组织和整合相关中医学领域资源，充分发挥我国在中医诊疗设备上的传统优势，逐步将电子治疗仪等已有国内标准提升为国际标准，为全球中医诊疗设备的生产、贸易、监管等服务。参与国标的起草制定工作，不仅代表国家参与国际竞争，而且在国际上也有较高的发表权，这是食品药品检验工作者的使命和责任。

💡链接 2014年6月17～20日，《香港中药材标准》第8次国际专家委员会在香港召开，山东省食品药品检验所两名技术骨干与中检院专家团队一行10人参加了本次会议，并进行了生千金子专论的汇报与答辩，获得通过。

《香港中药材标准》是香港卫生署中医药事务部主持开展的研究项目。山东省食品药品检验所承担其中"生千金子"的质量标准研究工作，该项工作技术要求高、难度大，在中检院的技术指导和组织协调下，完成了产地调研、样品收集，植物标本采集、制作，指标成分选择、提取，指纹图谱等检测项目的方法研究。按照合作协议书的要求和港标的研究思路，起草单位必须通过香港组织的重金属及有害元素、黄曲霉毒素等痕量检测能力验证，起草的方法要进行不确定度评定、实验室间比对，通过后才能提交科学委员会讨论。为了考察原植物的形态特征和生长习性，该所还在所内开辟种植区，开展千金子的种植栽培，让课题组成员全面了解品种。

"生千金子质量标准研究"是山东省食品药品检验所首次参加的中药国际合作课题。通过课题的研究和与国际专家委员会的技术交流，开拓了业务人员的视野，提高了其专业技术水平和英语水平。起草的质量标准将收载于《香港中药材标准》。

社会公信力的维护者

社会公信力也是一种能够增强人的精神力量的文化，从某种意义上讲，在当今社会，公信力是任何一个政府公共服务机构的生命线。食品药品检验机构也不例外，要特别重视社会公信力的积累和维护。社会公信力不是凭空想象的，而是在社会实践和检验过程中逐渐形成的。作为政府检验机构，要严格依据行政法规和严谨的技术规范所规定的范围开展检验技术工作，用法律保护人民群众的合法权益，用法律规范自己的

严谨相依　永远的职业坚守

对于检验工作而言，严谨比大胆更重要。

——吉林省药品检验所　吴艳丽

行为；检验工作中，做到公平公正，严谨细致。要用数据说话，确保检验结果准确，有效。要不断积累工作经验，树立公正廉洁的食品药品检验形象，要搭建与群众沟通的桥梁，建立信息公开发布制度，始终保持检验工作在阳光下运行，让群众有知情权，取信于民，这样社会公信力才会提高，人民群众的满意度才会提高。

广西壮族自治区食品药品检验所领导在接受新闻记者采访

💡 链接　2012年4月15日，中央电视台《每周质量报告》及《东方时空》节目报道部分明胶厂商用皮革下脚料制造药用胶囊，采购上述胶囊产品涉及了9家药厂，毒胶囊事件迅速引起社会的广泛关注。救人的药品变成了害人的"毒药"，不法企业的行为之恶劣让人震惊。《中国药典》明确规定，生产药用胶囊所用的原料明胶至少应达到食用明胶标准。国家食品药品监督管理总局立即要求食品药品检验机构进行质量抽验。检验机构在对技术标准和检验方法进行慎重分析的基础上进行了检验，并及时发布检验结论。经检验，9家药厂的13个批次药品所用胶囊重金属铬含量超标，其中超标最多的达90多倍。其后不久，国家局公布了准确的检验数据，掌握了应急处理的主动权。

这个事件说明，检验机构在第一时间检出了假药，不仅可以为监管部门打击犯罪分子提供有效的依据，而且提高了检验机构在人民群众中的威性，提高了食品药品检验工作者的社会公信力。

严谨检验文化的传播者

科学检验精神特别重视食品药品检验文化在培育职业操守、建构行业文化中的作用。科学检验精神作为检验文化的重要组成部分，在弘扬食品药品检验文化，培育食品药品检验精神，打造食品药品检验品牌过程中起到了非常重要的作用。60多年的发展历程，食品药品检验工作者以严谨的求学态度，传承食品药品检验文化，发扬科学精神，为食品药品检验队伍的壮大和成长，起到了中流砥柱的作用。食品药品检验系统之所以有今天的成就，是因为一代又一代的食品药品检验工作者吃苦耐劳、默默奉献，继承和发扬食品药品监管系统严谨的食品药品检验文化，成为食品药品检验文化的传播者、培育者，把严谨的食品药品检验文化根系于食品药品检验工作者之心，树立食品药品检验形象，打造食品药品检验品牌，成为人民群众信赖的坚强卫士。

💡 链接　**中检院与美国杜克大学医学院签署合作备忘录**

2014年5月16日，中检院化药所与美国杜克大学医学院生物统计与生物信息系合作备忘录签约仪式及学术交流在中检院举行。根据合作备忘

面对检验工作，要时时保持如临深渊、如履薄冰、枕戈待旦的状态。

——吉林省药品检验所 王纵鹏

录，双方主要的合作内容包括：联合交换项目、联合培养研究生、联合研究课题、联合举办学术研讨会等。

中检院副院长王军志在签约仪式上的讲话中指出，近年来在中检院层面开展了广泛的国际合作与交流，考虑中检院的业务特点，院里鼓励针对某一领域，由业务所出面进行国内外合作与交流。化药所与杜克大学医学院生物统计与生物信息系的合作尚属首次尝试。希望双方在合作备忘录框架下，合作交流顺畅，富有成效，从而进一步提升我院在生物统计与生物信息方面的学术水平。

随后，德隆主任就杜克大学开展的生物统计学和生物信息学研究工作进行了详细介绍，并参观了化学药品检定所。周贤忠教授针对统计学在药物研发和质量评价等非临床阶段中的统计规范、应用、生物信息学的研究热点等内容进行了学术报告。（据中检院网站2014年05月21日发布）

美国药典委员会首席执行官一行参观浙江省食品药品检验院

药检人员责任重，严谨工作为人民。

——吉林省药品检验所　王露茜

思考题

1. 什么是严谨检验？

2. 严谨检验有哪些基本要求？

3. 严谨检验的文化根基是什么？

4. 科学检验精神如何影响世界？

简要的结语

严谨作为科学检验精神的品格，对食品药品检验工作者的行为规范、价值取向提出了具体要求，对于检验队伍形成共同的理想信念和价值追求，对于推进检验事业不断前进，已经并且还将起到催化剂的作用。

严谨检验是令人赞赏的职业行为。它的意义不仅仅在于用这种品格或者说是态度去对待食品药品检验工作，以保证检验结果准确无误，还在于它深刻而长久地影响食品药品检验工作者养成高尚的敬业精神和人格魅力。

接下来，我们要对严谨品格做一番探究。

第三章

心铸亮剑　坚守不移

　　如果把食品药品检验工作比作航船乘风破浪的话，那么坚守严谨品格就如同掌控航船的舵手一样重要。坚守严谨的品格就是要有舵手那样的定力，要做科学权威的检验者、独立公正的把关者、为民尽责的奉献者、永不自满的追求者，让人生的价值在检验岗位上放射夺目的光彩。

致严谨品格

严谨品格
如水
滋养了万物

如火
温暖了人间

如花
芬芳了世界

如灯
照亮了黑暗

如旗
引领了来者
一路
踔蹒

严谨的工作态度是做好检验工作的基础。

——福建省厦门市药品检验所　王玉

严谨之于食品药品检验工作者，犹如眼睛和手脚之于人一般重要。它关系到人民群众生命和健康安全，从某种意义上说，没有严谨则检验寸步难行，甚至会"倒地身亡"。严谨品格体现在管理环节的有序性、检验数据的精确性、操作程序的规范性、检验过程的完整性、监督措施的可行性、检验过程的客观性上。由此可见，在检验过程的每一个步骤每一个环节，都要发扬严谨细致、精益求精的工作作风，通过现代化科学技术手段准确可靠地检验和评价产品的质量安全，为食品药品监管提供强有力的技术支撑。

食品药品检验工作者在分析疑难问题

第一节　坚守严谨的理由

时下，食品药品安全问题越来越引起全社会的关注。作为一个具有监督和服务双重职能的行业，食品药品检验工作要为食品药品企业所生产经营食品药品的质量安全进行把关，所出具的检验报告不仅关乎这些企业的社会声誉，也直接影响这些企业的经济社会效益；更重要的是，食品药品检验工作肩负着为国民的生命和健康保驾的社会责任，任何失误都会造成不良后果，轻则给食品药品生产企业造成经济损失，重则会危及大众的生命和健康，甚至会造成社会心理恐慌，影响社会安定和谐。因此，食品药品检验机构作为监管部门的重要技术支撑，能否忠实履行为保障人民饮食用药安全把关的职责，工作作风至关重要。严谨贯穿在食品药品检验的各方面和全过程，不仅决定检验成效的高低，也在很大程度上影响着检验结果的科学性。

1. 适应形势和任务的需要

我国正处于食品药品安全事件的"易发期"

改革开放30多年来，我国食品药品产业发展迅猛，但由于产业结构不合理、产品质量参差不齐、市场秩序不规范、用药不合理等带来的安全问题比以往任何时候都更加复杂。不仅有商家出于逐利目的带来的假劣食品药品问题，还需应对大工业生产和现代风险社会的诸多不确定因素，如转基因食品和创制新药的未知副作用。可见，我国的食品药品安全正处于各类问题并存、矛盾交织和风险聚集的阶段。

食品安全方面，诸如阜阳奶粉事件、苏丹红事件、红心鸭蛋事件、三鹿奶粉事件、地沟油、黑心猪油等接连发生，药品安全方面，如齐二药事件、欣弗事件、刺五加事件、香丹注射液不良反应事件、糖脂宁胶囊事件、双黄连注射液事件、山西疫苗事件等。频发的食品药品安全问题也引发了严重的后果。

——危害人体健康。从病理学的角度来看，危害主要分为生物危害、化学危害、物理危害三种。化学危害对人体可能造成急性中毒、慢性中毒、影响人体发育、致畸、致癌甚至致死。三鹿奶粉事件就属于典型的食品化学危害事件。据统计，每年中国消费者因食物中毒人数超过十万人。中药非法添加化学药物的问题，由于掺入的化学药物种类、数量、毒性不为人所知，服用人的安全无法保障，2003年的梅花 K 事件，至今仍有一人处于植物人状态。例如西药万艾可的主要成分是西地那非，有类似硝酸甘油扩张血管的作用，所以高血压、冠心病的患者服用万艾可治疗阳痿有可能导致突然死亡。而添加化学降糖药的中成药成分剂量不均，若服用剂量过多，随时会令血糖过低，而致昏迷甚至死亡。

——阻碍社会经济的发展。一旦出现不安全事故，受到影响不是某个生产商，将是整个行业。受三鹿奶粉事件影响，国内的妈妈们纷纷购买国外奶粉，一方面国内的大量需求致使香港对国内的奶粉代购进行限制，另一方面国内婴儿配方奶粉则无人问津。虽然三聚氰胺事件从2008年至今已过去了 5 年，但对企业、行业甚至整个产业的长期侵蚀依然存在。

——影响社会和谐。尽管政府一贯重视质量安全问题，也作出了许多努力，但由于受社会经济发展、科学技术进步、人民物质与精神文明水平等的多种因素影响，还是出现了市场秩序混乱，政府管制失灵的问题。由于与人们的日常生活、身体健康息息相关，因此与食品药品安全相关的事件均成为媒体关注的热点、人民关注的焦点。频发的安全事件，伤害了人民的心，让社会陷入恐慌焦虑之中。

随着"十二五"规划的实施和医药卫生体制改革的深入推进，我国有望成为全球第二大医药市场，食品药品等健康产业的发展，将更为深刻地影响和改变人民群众的生活。食品药品已经超越了一般商品的范畴，饮食用药安全已成为关系人民群众生活和健康切身利益的重大民生

> 严谨是检验的根基，只有把根基扎牢，检验之树才能枝繁叶茂。
> 严谨对于检验，就像准星对于射手一样重要。
>
> ——吉林省药品检验所　赵琳琳

品格，谓品性、性格。也指文学、艺术作品的质量和风格，物品的质量、规格等。品格是一个人的基本素质，它决定了这个人回应人生处境的模式。

问题。形势预示着出路。食品药品检验机构及其工作人员要认清形势，更新观念，转变作风，牢固树立严谨的品格，以科学态度和扎实的作风，去迎接新的考验。

我国食品药品检验机构正处于体制改革的"过渡期"

2013年3月，国家食品药品监督管理总局的组建，拉开了新一轮的食品药品监督管理体制改革的大幕。根据国务院机构改革和职能转变方案，将工商行政管理、质量技术监督部门相应的食品安全监督管理队伍和检验机构划转食品药品监督管理部门。

总体来讲，改革都是以保障人民群众食品药品安全为目标，以转变政府职能为核心，以整合监管职能和机构为重点，减少监管环节、明确部门责任、优化资源配置，对生产、流通、消费环节的食品安全和药品的安全性、有效性实施统一监督管理，进一步提高食品药品监督管理水平。通过对监管职能和机构、监管队伍和技术资源的有效整合，逐步形成一体化、广覆盖、专业化、高效率的食品药品监管体系，更好履行市场监管、社会管理和公共服务职责，进一步强化和落实监管责任，实现对食品药品的全程无缝监管，更好地解决关系人民群众切身利益的食品药品安全问题。

我们应该看到，随着改革的不断深化，国家鼓励和支持社会力量兴办第三方食品药品检验机构，形成政府检验机构与民间检验力量相互补充的食品安全检验技术体系是可以预期的方向。作为食品药品监督管理的重要技术支撑，食品药品检验机构将迎来一次前所未有的改革发展机遇。吃惯了"皇粮"的食品药品检验机构应当早做准备，顺势应变，放下架子，努力开拓市场。开拓市场靠什么？靠比别人高的检验

小贴士　第三方检测机构是由处于买卖利益之外的第三方（如专职监督检验机构），以公正、权威的非当事人身份，根据有关法律、标准或合同所进行的商品检验活动。

工作的效率、比别人好的检验工作质量，而这一切都须臾离不开严谨的品格。坚守严谨的品格，才能做到既守住"阵地"，又扩大"战场"。

食品药品检验技术正处于常规检验向应急检验的"升级期"

食品药品安全突发事件的频发，使食品药品检验机构经常要开展应急检验。应对突发食品药品事件的能力是一种从多方面表现出来的综合能力，既指在公共卫生事务管理活动中有效掌握有关信息，迅速抓住问题本质，制定可行方案，争取把问题解决在萌芽状态的能力；又指面对突发事件时，对事件进行科学分析、敏锐把握事件潜在影响，密切掌握事态发展情况的能力；还包括在应对突发事件的准确判断，果断行动能力和及时整合各种资源、调动各种力量，有序应对突发事件的能力。

毫无疑问，常规药品检验能力是应急检验能力的基础，是食品药品检验机构的立足之本。应急检验与常规检验有显著不同，其难度和水平均要高于常规检验。

检验时效不同

常规检验具有检验时限确定的特点，只要符合现行法律法规所要求

> 细节决定成败，严谨铸就成功。
>
> ——上海市食品药品检验所　林梅

小贴士　食品药品安全突发事件，是指突然发生的，对公众健康可能造成严重伤害的食品药品群体性不良事件或者重大食品药品质量事件。

的时限出具检验报告即可。而应急检验不同，它的检验时限没有法律或部门文件规定，而且往往由于备受关注，要抓紧处理，所给时限非常短暂。

检验目的与检验项目不同

常规检验一般是依据国家发布的食品药品标准判定食品药品的真假与优劣，检验目的是确定的；检验项目也是在食品药品标准规定的项目范围内，实施全项检验或者部分检验。而应急检验，往往需要探寻应急事件发生的原因或者在一定范围内排查隐患，因此检验目标具有不确定性；检验项目和检验方法与常规检验也存在很大的差异，除现行食品药品标准全项检验外，往往需要参考各类非标准方法，必要时进行方法转换，制订补充检验方法，因此检验项目与检验方法往往也无法预估。

检验要求与检验程序不同

药品常规检验按照现行的《药品注册管理办法》《药品进口管理办法》《药品质量抽查检验管理规定》等法规进行，对样品数量、检验资料等均有相关的要求，检验程序需符合常规检验的五项程序要求。而应急检验，由于检验目的与检验项目不确定，对检验的程序与要求也与常规检验不同，往往更强调时效性。

検验质量的保证源自于科学的态度、严谨的作风。

——上海市食品药品检验所 顾颂青

检验工作者的素质要求不同

常规检验一般需要相关药品检验工作者，根据国家药品标准的规定按既定程序进行。而应急检验所面对的突发事件具有复杂性和多变性特点，最终目标经常集中在探索药害原因，因此往往不仅需要药学类专业人员参加，还需要医学类、管理类等各类人员参加，需要多学科知识人才共同应对。

总之，应急检验通常具有突发性、前期不易预知性、原因复杂多样性、危害不可预测性以及媒体高度关注等特点，这就要求食品药品检验工作者员必须严谨细致、认真操作，才能出具科学公正、及时准确、令人信服的检验报告。

> **小贴士** 应急检验，是指检验机构运用检验技术对突然发生的、已经产生或极可能产生严重危害的产品质量安全隐患进行排除和查证的行为。

2. 践行科学检验精神的需要

科学检验精神是在我国食品药品检验实践中形成的共同信念、价值标准和行为准则。它是食品药品检验队伍长期工作中形成的行业文化，是社会主义核心价值体系的职业体现和生动实践。

严谨检验是科学技术的本质要求

科学是反映自然、社会、思维等客观规律的知识体系。科学之所以成为科学，就在于科学所具备的"准与确"的特点。科学使人能够对于客观事物及其规律有正确反映。科学研究的过程是从对事物的认识，然后转到实践，不断深入，纠正错误的一面，使得观念更为正确，或者使

湖南省食品药品检验
研究院举办科学检验
精神报告会

它更精密化。尊重科学规律，用科学规律指导工作，由认识到实践，是一种质的飞跃，也是以严谨的态度追求真理的过程。科学技术活动就是要逐步精确地认识客观事物及其规律，推动技术实践运用。因此，必须具备"准与确"的科学立场和治学态度，稍有偏离，就是错误。"准与确"体现了科学的严谨性和科技工作者的严谨品格。

检验的科学原理是制定和选择检验方法的依据。检验原理来自于自然科学的研究成果，是缜密的科学理论。科学强调"可重复、可检验"，但自然界并没有天生的检验规范，只有通过检验实践，在实践中摸索出符合检验规律的东西加以总结，作为检验的标准、方法，来规范检验工作。在得出结论的过程中，检验数据是存在允差的，这是测不准原理告诉我们的，但是按照严谨检验的要求，检验数据是在允差范围内，是科学的和公正的。检验报告是检验工作的"最终产品"，具有法律效力。因此，在表述检验结果和检测数据时，需要字字斟酌，处处严

小贴士

允差——允许公差的简写。对测量而言，允差是对指定量量值的限定范围或允许范围。

严谨相依　永远的职业坚守

126

严谨的工作态度是对检验工作的一种尊重。

——上海市食品药品检验所　孙梦家

谨，既要符合科学原理，又能符合法律法规，更重要的是必须是"事实的报告"，绝对不准有任何的杜撰、粉饰。所谓"增之一分则太长，减之一分则太短，着粉则太白，施朱则太赤。"用这句话形容严谨对于检验报告的要求倒是非常适宜。因此，检验工作者一定要严格按照科学规律进行检验，认真做好每一次实验，填写每一份报告，确保报告真实准确。

如果检验工作者缺乏认真负责的工作态度，不认真研读标准，不遵循检验规律，那么，出具的检验报告就往往会偏离事实，其结果有可能失真。如果是这样，细想，失真的检验报告，对食品药品监管部门行政执法、对相关企业都会造成不利影响，甚至酿成恶果。常言道："千里长堤，溃于蚁穴。"大量事实证明，重要事件的失败往往就源自于某一个细节的不严谨。一个微小的细节，看似不起眼，无足轻重，可失败的根源，常常就是这些细节被忽视。

科学检验精神从食品药品检验工作的实际出发，同时又突破了检验工作本身的局限，站在食品药品安全工作服从和服务于全党全国工作大局和食品药品监管事业安全发展、科学发展的高度，揭示了食品药品检验工作的本质与基本要求，引导食品药品检验工作者在工作实践和社会生活中，对自己的人生目的、理想追求、工作作风、劳动态度等方面进行自我认识、自我评价、自我调节和自我完善。

食品药品检验工作具有专业性强、技术含量高的特点，常常是"于细微处见精神"，只有养成严谨的工作作风和科学态度，才能在检验工作中务实、负责、认真、细致地做好每一个实验，出具每一份准确可靠的检验报告，为保障人民群众饮食用药安全做出贡献。

第三章　心铸亮剑　坚守不移

127

严谨品格是食品药品检验工作的客观需要

每一种行业都有自己独特的工作性质和特殊的行业要求。食品药品检验工作也有其自身的特点：首先，它具有明确的目的性。检验工作有服务对象，在商业领域，检验目的是满足特定客户的要求；在社会领域，检验目的是满足社会公众对产品和服务的要求。对食品药品检验而言，检验目的是满足公众对食品、药品和医疗器械安全的要求。其次，它的标准依据动态变化。以往人们对医疗器械安全并不重视，对其产品或服务进行评价和判定的标准并不严格，有待规范。随着健康意识的提高，用械安全越来越受到关注，对应的评价和判定标准逐步加严，形成规范。第三，它要求检验技术不断提高。检验工作的发展从根本上讲就是检验技术的提高，这就需要推动相关科学理论的提高。

国家食品药品监督管理局提出科学监管理念，是我国食品药品监管实践和理论的创新。作为食品药品监管技术支撑的检验机构，为适应监管需要，适时确立科学检验精神，与科学监管理念一脉相承，既是科学监管理念的有机组成部分，更是对科学监管理念的丰富和发展，是我国食品药品检验事业沿着科学化轨道健康发展的重要思想保障。食品药品检验肩负着为国民的生命和健康保驾的社会责任，任何失误都会造成不良后果，轻则是经济损失，重则危及大众的生命和健康，甚至造成社会恐慌，影响国家安定和谐。这就要求食品药品检验工作必须细致又细致，认真又认真，将严谨的要求落实在工作的各方面、全过程之中，才能不负众望、不辱使命。

链接　甘肃省食品药品检验所中药一室主任宋平顺同志26年来潜心

钻研中药材，走遍了陇原大地的中药材产区。他执着追求、不断探索，完成了多项省级、国家级研究课题和科研项目。

食品药品检验工作需要的是精益求精，数据要客观真实，数据一旦出错，就会造成重大的损失。为此，宋平顺在实验室工作中，总是强调严谨、严谨、再严谨，对每一个实验得来的数据都认真核对，确保做到万无一失。

宋平顺带领科研团队，用3年时间，完成了《甘肃省地区性习用药材质量标准研究》和《甘肃省中药炮制规范研究》修订任务的编写工作，新修订《甘肃省中药材质量标准》和《甘肃省中药炮制规范》，建立140种地方习用药材、343个品种630个饮片规格的质量标准和炮制技术规范，完善了甘肃省中药材质量标准体系，为全省中药材资源的开发利用和监管提供了法律依据。初步统计，《标准》试行以来，开发利用的习用药材和以其为原料研发的13种中成药、藏成药的销售总额达20多亿元，经济社会效益显著。同时，宋平顺还主持完成国家药典委员会委托的52种藏药、中药材和中成药质量标准的修订和提高任务，完成了10项企业药材质量标准的起草工作。

近年来，他积极参与国家科技部"矿物药中重金属含量测定技术及中药外源性有害残留物检验技术研究"、"标准物质标定标准和稳定性技术规范"研究项目，组织科室人员完成了810余批次样品中有害重金属、农药残留和二氧化硫等中药外源性有害残留物测定，完成当归、黄芪、大黄等14个甘肃道地药材品种的标准物质科研报告，为科学制定甘肃省道地药材有害重金属、农村残留、二氧化硫等限量标准积累了大量科研数据。

第三章　心铸亮剑　坚守不移

129

检验践于行，严谨藏于心。

严谨品格体现食品药品检验工作者对国民生命和健康负责的庄严承诺

严谨作为科学检验精神的品格，要求食品药品检验工作者始终把人民群众饮食用药安全放在首位，坚持"为国把关、为民尽责"的检验理念，尊重科学和检验规律，以高度负责的精神做好检验工作，以创新推动检验事业的科学发展。

社会的需要是任何行业存在的前提和基础，满足社会的需要是任何行业存在和发展的价值目标，背离了这一价值目标，该行业就丧失了生存和发展的根基与合法性。与其他消费商品不同，食品和药品直接关乎消费者的生命和健康，对食品药品的健康消费提供保障，是食品药品检验行业存在的基础与价值。而这种保障的提供是通过法制化、数据化、程序化等严谨客观的检验来实现的。因此，在与国民生命和健康息息相关的食品药品检验行业里，严谨品格体现了对国民生命和健康负责的一种庄严承诺："我用严谨，保你安全"。食品药品检验机构所出具的报告，就是为食品药品通过国民生命和健康这道关卡所发放的通行证。检验报告严谨可靠，就有效地为公众的生命与健康提供了保障。反之，如果错误地发放了通行证，让假冒伪劣产品在食品药品市场上肆意蔓延，就相当于间接扼杀公众的生命与健康。

小贴士 化学试剂是指在化学试验、化学分析、化学研究及其他试验中使用的各种纯度等级的化合物或单质。一般试剂划分为3个等级：优级纯（GR，绿标签）、分析纯（AR，红标签）、化学纯（CP，蓝标签）。

严谨是科学检验的根本要求。

——上海市食品药品检验所 王枚博

严谨品格是食品药品检验工作者对待工作的科学态度

食品药品检验是借助物理器械、仪器、化学试剂等物质材料，运用观察、计算、分析、比较、检验等方法，通过一定的环节和程序来达到检验效果的，送检产品质量的好坏、性能的高低是要用相关的数据来证明的。因此，食品药品检验工作者要孜孜不倦地钻研业务知识，以科学的态度对待检验工作的每一个过程和环节，杜绝任何有违科学的因素渗入检验的过程中。用严谨的科学态度对待工作，也就是要在检验活动中做到：依法、公正、公开、可信。

依法，就是依法施检。法治下的政府是政府获得公信力的基本前提，各级政府及其公务人员必须依法管理社会、治理国家。与此相对应的，检验机构要通过依法检验获得社会公信力。依法施检是指依据行政法规和技术规范所规定的范围和限制开展检验技术工作。行政法规包括法律、法规、部门规章、行政规章等，技术规范包括国际标准、国家标准、行业标准以及法律法规所认可的能够作为依据的技术要求。

公正，就是检验过程独立公正。检验为民，是指检验机构从根本上讲，是保障和维护公众的健康利益。在检验实践过程中，检验工作者必须保持高度的独立性，依据科学和实验对检验结果进行公正的记录和评价。唯有独立和公正，才能有效地服从服务于政府监管，从而获得社会大众的认可。

公开，就是检验信息及时公开。检验是为了确保公众利益，因此，检验的信息必须及时告知公众。检验发现的问题可能会对公众产生潜在的危害，但也绝不能以此为借口拖延信息的发布，否则产生的危害不仅仅是公众的利益损失，更重要的是社会公信力的丧失。

第三章 心铸亮剑 坚守不移

131

可信，就是检验信息准确可信。社会公众不具备检测手段和方法，公众更多的是关切检验的结果，尤其是关注存在的质量问题。检验信息越准确，公众对危害的预期越了解，公众对检验机构的信心就越足，对使用产品的安全感就越强，检验机构的公信力就越高。检验机构确保检验信息的准确和可靠，是树立公信力的关键。

广东省医疗器械质量监督检验所把"严谨"镌刻在墙上，写入检验文化

▶ 案例：　　广东省医疗器械质量监督检验所细化服务

近年来，广东省医疗器械质量监督检验所本着"坚持服务监管、服务产业发展、服务公众健康"的理念，弘扬严谨的工作作风、深化服务职能，细化服务措施，促进了全所检验业务的快速发展。从2011年起，每年业务量以35%以上的速度快速增长。

一方面，该所从服务细节入手，优化服务环境。增设一楼前台引导、业务洽谈室、填表处和上网区等多个服务区域，增设了便民伞、擦鞋机、样品运送车等多种设施，为客户营造更宽敞、明亮、舒适的服务环境。

优化服务环境

另一方面，从量身定制个性化服务入手，细化服务举措。2011年，该所推出"十大便企措施"，侧重于便利企业发展；2012年，推出"十大惠企措施"，重点帮助小微企业渡过转型升级的关键期；2013年，推出"十大优企服务"，从便企惠企升级到优企，在技术上为医疗器械产业转型升级助跑。2014年，在三级"十大"便企、惠企、优企措施的基础上，开展"服务升级、创造感动"活动，重新定位服务内容和模式，提出"便企、惠企、优企升级版"，通过细化服务，助力产业发展。

3. 造就高素质检验队伍的需要

我国食品药品检验机构的建设取得了长足的进步和发展，但整体实力仍然较为薄弱。从队伍的素质来讲，主流是好的，但也存在一些问题，有的不思进取，无所事事；有的作风懒散，工作马虎；有的崇拜金钱，干活讨价还价；有的奉行个人主义，只顾个人利益，不关心集体等。这些问题的存在，在一定范围内影响了士气、带坏了风气，必须坚决扭转过来。食品药品检验机构要着眼于建设高素质的人才队伍，把养成严谨品格、造就优良作风作为队伍政治与业务建设的重要任务，引导和鼓励每个人都树立职业理想和操守，自觉地想干事、能干事、干成事。

要把严谨品格作为职业伦理的重要内容

　　职业伦理是指在职业活动领域中的一切道德关系和道德现象，即各行各业的道德规范和行为准则。

　　职业道德是职业活动中所应遵循、具有自身职业特征的行为准则，是社会道德原则和规范在职业生活中的补充和具体体现，也是职业精神的重要组成部分。食品药品检验工作直接关系着人民的健康和患者的安危，对于食品药品检验工作者来说，除了诚实守信、爱岗敬业等职业道德之外，还必须具有对国民生命和健康高度负责的使命感和敬畏感。这种使命感、责任感和敬畏感，就体现在严谨的实验操作之中。

要把严谨品格作为职业素养的行为习惯

　　英国作家查·艾霍尔曾说过："有什么样的思想，就有什么样的行为；有什么样的行为，就有什么样的习惯；有什么样的习惯，就有什么样的性格；有什么样的性格，就有什么样的命运。"习惯是人的第二次生命，往往一些不为人注意的细节会流露出一个人对待工作的态度，对待生活的态度，并反映出人品的高低。有时成功与失败，就决定于这些行为习惯及不经意流露的细节之中。但习惯也有自发形成和自觉养成之分。由于工作性质的严肃性和技巧性，和其他职业者的习惯不同，食品药品检验工作者不能将马虎、粗心、毛糙等习惯带入检验过程中，否则，就必然会产生背离检验工作价值承诺的后果。在检验过程中，仪器的安装、现象的观察、操作的过程、数据的计算、信息的反馈、器械的维护都要靠严谨的行为去完成。因此，食品药品检验工作者必须自觉克服自身的不良习惯，严格遵守操作规程，通过不断养成训练有素的行为习惯为检验工作的客观性、严肃性提供保障。

要把严谨品格作为高度负责的工作作风

工作作风是人们在工作中所表现出来的比较稳定的做派和风格，作风的好坏不仅影响工作单位和从业人员的社会形象，也直接影响工作的效能和结果。培养科学严谨的职业品格，首先要培养技术人员以高度负责的精神和态度对待日常检验工作。严谨是干好工作必须具备的基本素质，每一名检验工作者只有把严谨当作一种追求，内化为精神动力，外化至一言一行，才能对人民负责，才能在各自岗位上实现自己的人生价值。

食品药品检验机构要通过作风建设树立良好的社会形象，展示行业特有的精神风貌，彰显自己的社会价值。检验工作者要严格要求自己，强化责任意识、使命意识，把严谨作为自觉遵循的行为规范，通过严格操作、程序规范等细节提高检验结果的科学性、可靠性和权威性。

链接 新中国成立初期，全国对进口药品、国内生产、供应的中西药质量进行检验和监督管理，但因为那时大部分临床用药主要通过进口方式来获取，因

小贴士 进口药品注册检验，系指国家食品药品监督管理局指定口岸药品检验所对申请注册的进口药品质量标准的有效性和可行性进行复核及样品的实验室考核。

此，国家加强了对进口药品检验工作。在检验过程中，中检院的技术人员脚踏实地、勇于探索，不畏艰险，敢于担当，严谨细致地做好进口药品的检验工作，忠实履行了职责和使命，保障了人民群众用药安全，维护了国家声誉，捍卫了国家利益。

要在严谨检验实践中提升能力

实践是人类自觉自我的一切行为。实践是世界和万物的创造者，没有实践就没有我们生活的现实世界，就没有城市乡村、山川田野，就没有一切优美的艺术。实践不仅创造出新的客体，而且创造出新的主体。同样道理，检验技术实践是检验工作的创造者。没有实践，检验就是一句空话；没有严谨的实践，检验就会成"一锅粥"。理论的验证、检验工作者技术能力的提升，都有赖于长期不懈的实践磨练。在历练提高的过程中，对检验理论的理解，对操作标准、方法、规程"熟门熟路"的运用、规规矩矩地遵守，严谨品格起着决定作用。严谨检验能够做到对检验工作的理解更全面、更贴切，能够进行理性思考、敏锐观察、严密思维，确保检验完满成功、报告书准确可靠。严谨检验，就是要把严谨的精神品格灌注到检验工作的一切细节、一切过程中。只有严谨才能在检验中发现问题，正确地处理问题。相反，没有严谨的实践，很多问题遇不到，很多技术学不到，检验经验无从积累、专业素质无以提升，更勿论检验技术的突破和创新了。

4. 守护国民生命健康的需要

社会的需要是任何行业存在的前提和基础，满足社会的需要是任何行业存在和发展的价值目标，背离了这一价值目标，这一行业就丧失了生存和发展的根基与合法性。和其他消费商品不同，食品和药品直接关乎消费者的生命和健康，对食品药品的健康消费提供安全保障，正是食品药品检验这一行业存在的基础与价值。而这种保障的提供是通过法制化、数据化、程序化等严谨客观的检验来实现的。因此，在与国民生命和健康息息相关的食品药品检验行业里，"严谨"品格，是以人为本的重要体现，是对国民生命和健康负责的价值承诺。食品药品检验机构所出具的报告，就是为食品、药品、化妆品、保健品、医疗器械通过国民生命和健康这道关卡所发放的通行证。如果我们的报告严谨务实，我们就为国民的生命与健康提供了可靠保障，如果因为我们的疏忽，错误地发放了通行证，让假冒伪劣产品在食品药品市场上肆意蔓延，我们就间接地剥夺了国民的生命与健康。

▶ 案例：   "梅花K"事件

2001年8月24日，湖南省株洲市药监局接到群众举报：该市多人因服用梅花K黄柏胶囊而中毒住院。株洲市局感到事态严重，迅速派人赶到医院进行调查，发现患者服用的梅花K黄柏胶囊均标示为广西半宙制药集团第三制药厂（后更名为广西金健制药厂，以下简称广西半宙）生产。据患者反映，该产品在当地媒体大作宣传，声称能通淋排毒、解毒疗疮，治疗多种女性炎症（夸大宣传）。许多女性经不住广告诱惑，纷纷到市内药店购买，但服用几天后出现了胃痛、呕吐、浑身乏力等不良症状。经株洲市食品药品检验所抽样检验，检出非法添加的四环素成分，初步认定，该梅花K黄柏胶囊系假药。几日后，湖南省在全省范围内封杀梅花K黄柏胶囊。

检验工作就是要脚踏实地永保严谨科学的态度。

——上海市食品药品检验所业务科党支部

食品药品监管部门肩负着维护市场秩序、保障人民饮食用药安全的重任。法律赋予其食品药品行政执法权，包括行政检查、行政许可、行政处罚、行政强制等。而这些权力的行使和落实，必须依靠于技术支撑体系，而检验就是其中的支柱力量，是食品药品监管部门行政执法的"看家本领"。严谨检验为监管决策提供科学依据，在监管工作中起到决定性的作用。当下，制假造假手段越来越"高明"，伪劣商品的外观越来越仿真，技术隐蔽性越来越强。这不仅普通公众难以识破，更是加大了监管工作者难度。

打击高科技犯罪，口说无凭，需要以严谨的技术手段作为支持。检验工作者要不断学习，刻苦钻研，勇于实践，不断掌握犯罪分子制假造假的方法和规律，为打击食品药品领域的犯罪练就火眼金睛。一旦发现假冒伪劣产品，就要在第一时间内，快速为监管部门出具严谨、真实的检验报告，为打击犯罪分子提供最重要的技术支撑。特别是在发现各种以高科技为手段的违法犯罪行为时，检验数据就成为打击犯罪的最有力的证据，它能够无情揭露不良企业的行为，使不法分子原形毕露。所以说，严谨检验结果的客观、公正，能够有力地支持食品药品监管部门依法行政、严格执法、打假治劣。

> **小贴士**
>
> 行政执法，是指国家行政机关和法律委托的组织及其公职人员依照法定职权和程序行使行政管理权，贯彻实施国家立法机关所制定的法律的活动。

一个个准确的检验数据、一份份合格的检验报告，都闪烁着科学的光辉。因此，对食品药品检验检测，具有尊重民众生命与健康、弘扬科学精神的基本要求，需要在严格遵循检验标准和规定程序的前提下，在

严谨相依 永远的职业坚守

严谨检验的落实中，不断提高检验检测的水平，确保所检验的结果经得起事实、法律和历史的检验。

食品药品检验是一项严谨的工作过程，不允许任何的疏忽和弄虚作假，所以每一位检验工作者都要恪守严谨的科学理念，秉持严谨的工作作风，以严谨的科学态度行使人们赋予我们的职责，把守好人民饮食用药安全的大门。

第二节 坚守严谨的要求

严谨作为一个人或一种职业的品格不是与生俱来的，也不是自发形成的。严谨品格的养成要通过高度的理性自觉和行之有效的管理措施才能实现。同时，严谨作为一种品格也不是一成不变的，会因为各种个体的或社会因素的影响呈现出提升或衰退的趋势。对于食品药品检验系统来讲不仅需要一个个严谨的检验个体，更需要全系统多群体广范围的严谨，我们需要对检验工作者、机制、组织提出具体的要求。食品药品检验及其工作者培养科学严谨的职业品格，需要从以下三个主要方面做起。

1. 能力技术：不懈追求

食品药品检验不是目的，而是保证人民饮食用药安全的一种手段。随着食品药品监管工作的社会环境、市场环境、科技环境的变革，食品药品检验工作者要以追求高端的检验技术和能力为目标，适应新形势，谋求新发展。严谨应该是建立在博学、审问、明辨和笃行的基础上。

科学是实验的根本要求，严谨是检验的基本态度，食品药品安全拷问我们的职业良心。

——广东省食品药品检验所　万青

保持好奇——博学

古人云："人不博览者，不闻古今，不见事实，不知然否，犹目盲，耳聋，鼻病者也。"食品药品检验分析并非孤立的事务，与质量标准、检验技术、生产过程控制、不良反应监测、药品再评价乃至伦理道德等方面都有密切联系。检验工作者要保持旺盛的好奇心，勤奋地广泛涉猎知识，奠定宽阔的知识面，形成合理的知识结构，这是做好检验工作的基础，也是成为复合型人才的必由之路。

💡 **链接**　关于中药生物活性测定，由于中药中成分复杂，各药效成分和非药效成分含量比例的不确定性和多变性，它们之间存在多种相互作用；药效或生物活性受生物酶或环境因素、生产工艺过程、储存过程的影响较大。如何准确测定中药生物活性，谭德讲等人针对现有生物活性检验方法的局限性进行了分析和辨证，提出了对中药生物活性检验方法的思考，进行联合确认以发现不同实验室之间的误差大小、实验方法的稳定性等，并给出评价指标的统计结果，才能保证最终被采纳的药典方法具有普适性、简便经济性和灵敏可重复性。

深究不放——审问

食品药品质量源于设计，特别是药品从研发开始就考虑最终产品的质量，在配方设计、工艺路线确定、工艺参数选择、物料控制等各个方面对产品质量分析已有一定的预期。在检验过程中，检验工作者应详细了解检品的制备工艺、起始原料、溶剂溶媒、副反应等一切关于质量安全评价的信息。"不学不成，不问不知"，在科学监管的大环境下，药品科学、严谨检验是检验工作者应具备的基本功。

——北京大学口腔医学院口腔医疗器械检验中心　张学慧

质量评价分析要求进行更加深入的分析溯源研究，能够从检验结果、实验现象，追溯到生产过程的关联问题，从药品质量标准、杂质对照等分析产品原料辅料、处方工艺、溶剂溶媒、贮存条件等，把握一切能够影响食品药品安全有效性的相关信息。事实和真相很难——经历，有时眼见不一定为实。但这并不能否定要以事实基础，反而更要求我们进行细致的研究和探索，对所观察到的现象进行"去粗存精，去伪存真，由此及彼，由表及里，挖掘真相"的检验求真工作。

探究真相——明辨

随着检验科学的发展，检验工作不再仅仅是静态的常规检验，而是深入到生物体内、代谢过程、工艺流程、反应历程和综合评价上进行动态的分析；对于食品药品，特别是一些中成药质量的综合评价更需要运用各种可行的先进分析技术，才有可能打破目前难以全面评价的局面。为此，检验工作者要摒弃单一检验的传统思维模式和工作方式，不可只做机械的"检验匠"，而应保持冷静的头脑，通过科学、缜密的思考、分析，对检品、标准、检验技术和所发生的检验现象进行认真的甄别和判断，进而"明辨"产品质量安全趋势和可能存在的风险预警。

坚定不移——笃行

笃行是实践的过程。有了广阔的知识面、掌握了详细的产品信息，具有坚实的技术基础，在检验过程中需要做的就是"笃行之"，将制度和规范融于每个操作过程、每个工作流程、每个岗位细节中，采用合理的方法和适宜的仪器，对检品进行正确的分析检验。要有一种敢说、敢做、不怕牺牲的精神，在任何情况下都能始终把人民的利益放在首位，把个人的利益得失置之度外，敢于和外来压力作斗争，敢于同弄虚作假作斗争，以严谨的态度做到讲事实不讲面子、讲原则不讲关系、讲公正不讲私情，做一个公正无私的检验工作者。

2. 检验细节：完美专注

托尔斯泰说过："一个人的价值不是以数量而是以他的深度来衡量的，成功者的共同特点，就是能做小事情，能够抓住生活中的一些细节。"所谓成也细节，败也细节，一心渴望伟大、追求伟大，伟大却遥不可及；甘于平淡，认真做好每个细节，伟大却不期而至，这就是严谨的魅力，这就是克敌制胜的法宝。

"古今兴盛皆在于实，天下大事必作于细"，大事由若干小事构成，小事可决定大事的成败。食品药品检验对每个细节都必须完美专注，把一丝不苟、严谨认真的作风贯穿始终，这是一种经验的积累，是一种智慧，也是一种修炼。

💡 链接　　　　　　　　　**细节决定成败**

小事成就大事，细节成就完美，习惯改变人生。

1961年4月12日，苏联宇航员加加林乘坐4.75吨重的"东方1号"航天飞船进入太空遨游了89分钟，成为世界上第一位进入太空的宇航员。他为什么能够从40多名宇航员中脱颖而出？

苏联宇宙飞船计划登陆月球之前，培训了40多个宇航员，但只打算选择其中的一个。在确定人选前的一个星期，这些准宇航员首次登上宇宙飞船参观熟悉环境。就是这一次参观，确定了最终人选，他就是加加林。航天飞船的主设计师罗廖夫发现，在进入飞船前，只有加加林一个人脱下鞋子，只穿袜子进入座舱。就是这个细小的举动，一下子赢得了罗廖夫的好感。他感到这个27岁的青年既懂规矩，又如此珍爱他为之倾注心血的飞船，于是决定让加加林执行人类首次太空飞行的神圣使命。加加林通过一个不经意的细节，表现了他珍爱他人劳动成果的修养和素质，也使他成为人类遨游太空的第一人。

"泰山不让土壤，故能成其大；河海不择细流，故能就其深。"展示自己的完美很难，需要每一个细节都很完美；但毁坏自己的形象很容易，只要一个细节没有注意到，就会给你带来难以挽回的影响。一个不经意的细节，往往最能反映出一个人的修养和深层次的素质，加加林脱鞋子的举动，体现了他对别人劳动成果的尊重。细节的成功看似偶然，实则孕育着成功的必然。细节不是孤立存在的，就像浪花显示了大海的美丽，但必须依托于大海才能存在一样。从小细节抓起，把小事做细。

检验工作者（右）深入农家乐厨房对食品材取样

如果说魔鬼隐于细节，那么严谨是打败魔鬼的锐利武器。

——北京大学口腔医学院口腔医疗器械检验中心　张金

正确选择检验方法和标准

检验行业涉及的标准包括食品（保健食品）标准、药品标准、医疗器械标准、药品包装材料（容器）标准、化妆品标准等，不同的类别不同的品种，执行的标准也不同，使用的检验方法和依据也完全不同。检验方法和标准的正确选择，为检验工作提供充足的信息和严谨公正的检验手段，对检验机构的发展是至关重要的。

检验机构首先考虑选择的是国家强制执行的国家标准进行检验，或者是送检方面提供的检验标准。但在实际工作中，往往会有大量的无法确定检验标准的检品，这就需要慎重考虑如何选择正确的检验标准。无指定检验标准时，应依据检品的性质、待检成分来选择检验标准，从国家标准、行业标准及区域组织标准等出发，或者是政府机构批准的方法，以及相关书籍或者期刊公布过的，从中选择合适的检验标准，并确保使用标准是最新有效版本。

💡 **链接**　某药品在《中国药典》2010年版二部有收载，同时，其标准又在《中国药典》2010年版第一增补本中对其"水分"限度进行了修订，有的检验工作者在进行该药品样品的检验工作时，未注意标准的更新，仍采用《中国药典》2010年版二部进行了判定，导致出具了错误的结论，给生产企业造成了损失，这是使用标准不严谨造成检验事故的反面事例。

合理使用检验仪器和试剂

检验仪器是保证检验工作顺利开展的物质基础之一，是保证检验质量、适应发展要求和检验技术发展的先决条件，更是通往检验结果准确性的基本途径。随着科学技术的不断发展，越来越多的高精尖检验仪器被用于日常的检验工作中，自动化、灵敏度高、精密度好的检验仪器不但拓宽了检验的范围，还大大提高了检验结果的准确性。检验仪器用于检验过程应经过四个环节的确认，包括设计确认、安装确认、运行确认和性能确认，确保从仪器的选择、采购、安装、运行、维护及检定都始终处于可控的范围内，使检验仪器在实验室特定的环境条件下能够正常运行，满足检验要求并能确保检验结果的准确性。制订检验仪器的使用和维护检定的程序，对仪器设备定期进行维护保养。对于使用频率高、工作状态不稳定或者容易产生结果漂移的检验仪器，必须在两次计量检定期间进行期间核查，确保仪器能正常使用。

　　检验试剂的合理使用是保证检验结果准确性的主要因素之一。购买试剂应该从经过评估的合格供应商处，试剂应有合格证书。试剂使用前均应清楚其安全状态和存储合理，配制时要特别注意浓度和纯度，试剂应标明开启日期和有效日期，制备的试液应清楚明白地标明名称、浓度及有效期，要妥善贮存，按试剂的性质选择室温、冷藏或冷冻贮存，或避光或保持通风。

💡 链接　在测定"酸碱度"时，使用未进行检定/校准或者超过检定周期的pH计，其测定结果就可能偏离真值，如果碰到边缘结果的样品，就可能出具错误的报告书，这在个别食品药品检验机构发生过

实验人员在使用检验试剂

类似的案例，这也给对仪器管理疏忽大意的检验工作者敲响了警钟，提示检验工作者使用仪器设备应严谨。

保障实验室环境符合标准

小贴士

国家药品标准物质系指供国家法定药品标准中药品的物理、化学和生物学等测试用，具有确定的特性或量值，用于校准设备、评价测量方法、给供试药品赋值或鉴别用的物质。

检验工作对实验室环境提出了严格的要求，要求实验环境不得对实验结果产生影响，不同的检验项目对环境温度、湿度和光照度都有具体的要求，一般的检验工作都要求在25℃的实验环境中进行，特殊的检验项目有特殊要求，譬如：避光，暗室等。不同的实验用试样的样品也有不同的保存要求，有些要求冷藏保存，有些要求冷冻保存，有些则要求避光等。另外微生物、无菌试验要求实验室环境净化级别达到10000级背景下的100级，动物试验也要求在洁净实验室中进行。

链接　某试验室进行"无菌"试验时，发现某天做的试验，不同来源的多批次样品结果均长菌，后来实验者回想实验过程分析原因，是因为试验前，环境消毒时间不够，环境未达标，导致了检样假阳性的结果，如果这样的报告发出，后果将不堪设想。

洁净检验室

做好数据分析和检验记录

严谨体现在确保检验数据的精确性上，其具体表现是以细致、认真、负责、务实的科学态度获得精确的检验数据，出具精准的检验报告。众所周知，检验中一个小的纰漏，都可能导致最终检验结果的误判。就医疗器械产品的化学项目的检验来说，所需试剂的筛选、试验用水的规格、试验所用器具的洁净度、检验条件的严格控制、检验工作者的化学基本素养，甚至试验环境的温湿度、噪音等都直接关系到检验结果的准确性，一个环节出问题，都会导致最终结果的不可信。

譬如，采用比色法做环氧乙烷残留量检验，严格按照标准要求来做，但是结果一直没有显色现象，经推测分析，应该是反应没有进行，这是试剂出了问题。表面上看，该试验我们所使用化学试剂规格符合要求，也都在保质期内，没有明显的变质现象。实际上，由于现在化学试剂生产厂家鱼龙混杂，一些小厂的劣质试剂也被贴上了合格标签，这就导致我们在选用试剂时由于不严谨，被一些表象迷惑了。最终结果表明其中一种试剂出了问题，改用另外一个品牌的该试剂后，想得到的现象就如实显现出来了。

3. 过程完满：求真务实

检验结果的准确性，直接影响到检验机构的公正、权威和公信力，也直接关系到公众的健康和安全，容不得半点儿差错。食品药品检验是一个复杂的动态过程，只有在检验过程中求真务实，从各个方面控制和管理，才能得到准确、公正、可重复、可追溯的检验数据和检验结果。

保证检验过程的客观性

严谨首先体现在检验过程的客观性上，行政管理工作不得无理干预检验工作，以确保检验数据的正确性与公正性；严格执行食品药品检验质量标准和有关规定，按照标准规定和标准方法检验，检验工作者不得增项或者减项，以保证检验结果的科学性和严肃性；以法律为准绳，以数据为依据，不以权谋私，不徇私枉法，不受来自行政、经济或者其他方面的影响与干预，实事求是，秉公检验；拒绝一切有违检验公正性的投资和赞助，独立开展检验业务，以检验数据为依据，及时提供准确无误、真实可靠的检验结果。

确保操作程序的规范性

规范的操作流程是保证食品药品检验机构正常运转的必要条件。严谨是规范操作的必备素养。规范性的操作程序是指制定标准作业程序，将细节进行量化，尤其对某一程序中的关键控制点进行细化和量化。以标准作业程序来规范操作行为，在长期的认识、探索过程中形成一套严谨规范的操作流程。

小贴士　程序是对操作或事务处理流程的一种描述、计划和规定。程序控制法避免业务工作的无章可循、职责不清、相互推诿，有利于及时处理业务和提高工作效率以及追究有关责任人的责任。

保持检验过程的完整性

按照管理学的观点来说，所谓过程就是将输入转化为输出的系统。过程是一个广义的概念，任何一个过程都有输入和输出，输入是实施过程的基础、前提和条件，输出是完成过程的结果，输入和输出之间是增值转换的关系。食品药品检验过程的输入从抽样开始，输出从报告的发出结束。其间的"增值"或者说价值所在就是报告所承载的内容。认真细致、精益求精不仅仅体现在检验过程中，更体现在分析解决检验过程中普遍出现的问题上。对检验过程中出现的问题也要以严谨的态度和方法去分析问题背后的原因，从而妥善解决问题。

保证管理环节的有序性

严谨体现在管理环节的有序性。有序的管理从直观的层面讲就是制定一套完整的管理规范，检验机构从上到下严格执行。严谨有序的管理具体体现在：首先要有管理意识，制定管理体系，安排管理岗位并明确职责再实施，将实施的过程或结果与制定的计划进行对比，总结出经验，找出差距，将总结出的经验转变为长效机制或新的规定，最后针对检查发现的问题进行纠正，制定纠正、预防措施，不断地完善管理体系。例如，河南省医疗器械检验所开发了完善的检验流程办公软件系统，检验的各个环节在软件上都有明确的记录，检验环节出现的问题在软件上一目了然，改变了过去纸质办公、口头传达的种种弊端。一旦发现问题，可直接查找到出错环节，第一时间与当事人沟通，减少了工作失误，提高了工作效率，而且对于明确责任、追根溯源起到了重要的作用。

第三节　严谨的归宿

歌曲《荷塘月色》唱道："我像只鱼儿在你的荷塘，只为和你守候那皎白月光。游过了四季荷花依然香，等你宛在水中央。"为着心中那神圣

食品药品检验技术人员不畏艰险，深入偏僻山区采集中药材标本

的情感，坚守在皎白月光之下，是很不容易的。做任何事情坚守就是胜利。我们坚守严谨，就是要坚守职业理想、人生信念的正确指引，坚守保障人民饮食用药安全的责任使命，做科学权威的检验者、独立公正的把关者、为民尽责的奉献者和永不自满的追求者，竭尽全力保障人民群众的食品药品安全。

1. 做科学公正的检验者

食品药品检验工作者最可贵的品质和本领，是尊重客观事实，善于揭示真相，勇于捍卫真相，所做的工作极具公众影响力。这就是科学公正的检验者。科学公正，就是尊重检验工作的客观规律，尊重事实，坚持原则，说公道话，办公道事；依法行事，就是要敬畏法律、遵守法律，要在法律授权的基础上开展检验工作，严格执行食品药品检验质量标准和有关规定，不得增项或者减项等，这些都离不开严谨检验。具体讲，要做到四个"求真"。

制度求真

食品药品检验是一项科学性强、严谨而细致的工作，各种检验制度、规范都应符合检验形势的发展，对于已经不能适应目前检验需要的制度、规范，要及时地进行修订，将不符合质量安全评价发展的制度予以废止，重新制定、完善适合评价需要的、统一的制度。制度没有"最好"，只有"更好"，只有不断检查、总结、修改和完善，使制度求真，检验工作才能达到最佳状态。

技术求真

食品药品检验工作是技术性很高的工作，遵循的是"检验依托科技，科技提升检验"这一基本规律。检测技术的飞速发展、完善和应用，提供了高效、准确的分析技术。检验工作需要顺应技术发展的规律，紧跟检测技术更新的步伐，不断总结、研究各种新分析技术的应用，提高检测结果的可靠性。

目前国内的食品药品检验检测技术水平不高。检验工作需要有前瞻性，要结合我国食品药品的行业现状，跟踪国际检验检测技术发展，加强检验检测先进技术、方法、标准的研究；要有针对性地研究与研制部分先进高精尖超痕量的检测方法仪器设备，加快研制检测所需要的消耗品；积极引进、充分应用国际上先进的检测技术，提高检测的准确度。

过程求真

在我们的现实检验工作中，经常发生虽然检验结果是准确的，但程序却是不合法的事情。我们都知道标准检验是按法定标准进行的检验，要求检验工作者"依葫芦画瓢"，不得随意更改、擅自偏离。任何偏离和按非标方法检验都应按体系文件规定，执行相应的审评和确认程序。法定标准是有滞后性的，随着检验技术、检验仪器或试剂材料的发展进步，按照现有法定标准检测出来的实验数据或许不是最准的，也或许检测方法、检测步骤费时费力，如果检验工作者贸然采用新方法、新技术或新材料来替代现有的标准，却没有按照质量管理体系17025的要求，按照非标方法进行相应的方法验证、领导审评和专家确认程序，显然是属于检验程序不合法。可见，任何实验数据的准确性、可信性、合法性不仅是依靠统计处理和核对来保证的，还要是在整个检验过程的每一个环节严格执行技术标准，严格执行检验管理规范制度。

过程求真所包含的更深层次的意义还在于保证检测过程的独立性。独立性，即检验机构以自己的名义承担法律责任的独立主体。一方面，检验机构要保证自身的独立性，不受任何外界因素干扰，不受来自商业、行政和其他方面压力的影响；另一方面检测工作者要维持自己的独立性，任何单位负责人和其他人员不得干扰检测工作者独立履行职责，不受任何利益诱惑和压力干扰，确保检测过程的独立性。

结果求真

检验报告是对食品药品产品质量做出的技术鉴定，是具有法律效力的技术文件，是整个检验过程的结果表述，是食品药品检验工作者的最终产品和检验工作质量的最终体现。所以必须保证检验报告依据准确、数据无误、结论明确、文字简洁、书写清晰、格式规范。检验结论应当准确、高效、科学、公正地反映检品的质量情况，严格遵守"用数据说话"的原则，每一检验项目的数据都是实事求是的结果。在实验中认真做好每一项检验步骤、数据记录和原始档案记录工作。检验工作者本着对检验求真态度，实事求是地出具每一检验项的结果，写好每一份检验报告。

▶ **案例：** 2008年，甘肃省食品药品检验所在对一批乙脑减毒活疫苗进行异常毒性项目检验时，发现豚鼠在1分钟内出现了疼痛抽搐的异常反应，持续37秒钟后恢复常态。这种瞬间发生、持续时间短暂的反应在试验中是不容易被发现的，针对这一发现，检验工作者反复试验研究，最终查找出乙脑减毒活疫苗存在动物异常反应的原因，是因为其稀释剂磷酸盐缓冲溶液导致药液渗透压增高。在进一步研究的基础上，得出安全结论，更换乙脑减毒活疫苗稀释剂为灭菌注射用水，使疫苗使用更为安全可靠。

2. 做检验为民的奉献者

在食品药品检验行业中，涌现了很多高立勤这样的先进典型，他们勤勤恳恳、兢兢业业，用实际行动诠释了食品药品检验工作者的职业操守和奉献精神。奉献精神是做好本职工作的强大动力。食品药品检验工作者要想干出一番事业，就要有一股子忠于职守、为民检验、认真严谨的奉献精神。为此，要树立以下三种意识。

▶ **案例：** 高立勤生前是天津市药品检验所所长，国家药典委员会第九届、第十届委员，1991年参加工作，1993年入党，1998年11月作为引进人才调到天津市药品检验所工作。2007年5月被任命为所长，年仅37岁，是当时全国最年轻的省级药品检验所所长。她曾荣获"全国三八红旗手"和天津市优秀共产党员、五一劳动奖章、勤政廉政优秀党员干部等十几项国家和省部级荣誉称号。2010年7月被确诊为胃癌晚期后，她仍然恪尽职守、殚精竭虑、坚持不懈地为药品检验事业忘我工作，直到2011年7月因病去世，年仅42岁。她把毕生的精力和全部心血都投入到了她所钟爱的食品药品检验事业中。

树立爱岗敬业的意识

爱岗敬业是一种态度。任何人都有追求荣誉的天性，都希望最大限度地实现自我价值。而要实现这种价值靠的是什么？靠的是爱岗敬业。歌德说过："你要欣赏自己的价值，就要增加世界的价值。"不要纠结于单位给了我什么，而要经常问一问自己为单位做了什么。做过食品药品检验工作的人都知道，检验工作辛苦、枯燥，经常要接触到有害于身体的物质，应急检验任务来临往往要夜以继日地加班加点，只有爱岗敬业才能乐于做这项工作。

树立尊重生命的意识

从一定意义上讲，食品药品检验工作者是生命和健康安全的护卫者，要让生命意识浸润每个检验工作者的头脑，谨记人的生命健康高于一切，公众健康利益是最基本、最重要的权益，是公众享受其他权利的基础，安全为天、生命至尊、生命无价，要用自己富有成效的工作为生命保驾护航、驱除邪恶，保护公民饮食用药安全的合法权益不受侵害。

树立独立思考的意识

独立思考是人的基本特征和基本权利之一，也是人类历史不断文明进步的动力之一，是食品药品检验工作者最需要、最宝贵的一种行为习惯。没有独立思考就不会有人格的独立和尊严，一个不会独立思考，总

用为民检验的情怀、实事求是的作风、严谨细致的态度、开拓创新的精神，铸就"中国药检"光辉品牌。

——甘肃省药品检验研究院　李莉

是人云亦云、把问题交给别人的检验工作者是不合格的，他（她）随波逐流，在压力下很可能放弃原则和立场，把真的说成假的，把假的说成真的。食品药品检验工作者要保持独立人格不受他人左右。同时，检验中会遇到许多

实验人员专心工作

复杂、可疑的现象，需要独立思考，透过现象看本质，得出正确的结论。

3. 做永不自满的追求者

严谨品格不会与生俱来，要在实践中养成。古人云"纸上得来终觉浅，绝知此事要躬行"，说的也是实践的重要性。实践出真知，长才干。我们要在岗位实践的锤炼中，铸造严谨的品格，做永不自满、永不懈怠的追求者。

做好自己的职业规划

人生没有完美，任何人的一辈子都不可能十全十美。认识到这一点我们就可以坦然地面对自己，不要因为今天的成绩忘乎所以，也不要因为明天的挫折而自弃，每一天都要做最好的自己。每一个成功的人都有自己的职业规划，我能做什么，我应当做什么，我能做成什么，这些是要很好考虑的问题并且付诸解决的。职业不仅仅是饭碗，更是实现职业理想和人生价值的载体。没有人能够给你输送辉煌，一切都要靠你自己去开创。想要做最好的自己，起码的就是要把工作做得漂亮，让你的理

想成为引领生命的灯塔，让严谨在人格中屹立，让激情在工作中迸发，让才华在岗位上绽放。

坚持在日常工作升华

严谨品格告诉我们，把简单的事做好了就是不简单，把容易的事做好了就是不容易。不认真，简单的事也会做糟，容易的事也会做错。世上无难事，只要用心做。工作中不仔细、不用心、没恒心的人，根本不要谈什么事业成功。爱睡懒觉的人，见不到日出；不愿意步行的人，体味不到走路的乐趣；害怕登山的人，欣赏不到高山美景。人，无论是谁，不愿意挥洒汗水，成功便会与你擦肩而过。一分耕耘一分收获，有付出才会有所得。食品药品检验工作者要用心做好每一天的工作，高标准、严要求、善始善终，严谨品格就在年复一年、日复一日的日常工作中凝结和升华，犹如旭日东升，万丈光芒照亮了你前行的道路。

💡 **链接**　白玉霜是著名评剧演员，演技很高，被人称做"评剧皇后"。她为了做到自知、自律，不论三伏酷暑，还是三九严冬，一有时间就去练功，练嗓子。有人对她说："你已成名了，干嘛还这么苦练？"她笑笑说："戏是无止境的。"并且她能虚心听取别人的意见，不管什么人，只要给她指出缺点，她都非常高兴。

坚持在急难险重任务中锤炼

▶ **案例**：2008年，在震惊中外的汶川大地震发生后，全国食品药品检系统紧急建立绿色通道，加速对救灾药械、生物制品等检验签发，四川省食品药品检验系统克服精密仪器受损等困难，启动应急预案，应用快检技术，发现中药材伪品36个，问题药品9批，清理出不符合要求的国外捐赠物约300吨，有效地保障了灾区药械使用安全。

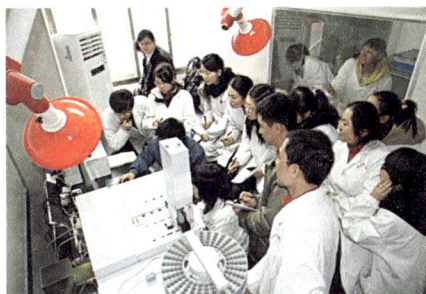

实验室人员学习新仪器使用维护

　　一名优秀的食品药品检验工作者，不仅能做好日常检验工作，更重要的是能担当急难险重任务。所谓急难险重任务，就是指时间紧、难度大、危险程度高、工作量大，对单位非常重要的任务，我们常见的就是应急检验。此类任务通常处于只能成功、不许失败的状况，对检验工作者有很高的要求。急难险重任务既是磨练食品药品检验工作者工作能力"磨刀石"，也是检验严谨品格的"试金石"。食品药品检验工作者要平时能战斗，关键时刻更能战斗，面对风险、困难挺身而出、敢于担当、有勇有谋、忙而不乱，出色地完成任务。

　　需要指出的是，检验是否有条理是判断一个检验工作者是否合格的标尺。能力再强的人，如果总是粗枝大叶、慌里慌张，势必会把工作弄得一团糟。一位食品药品检验所的党委书记曾谈起了他遇到的两种人。有种性急的人，不管你在什么时候遇见他，他都表现得风风火火的样子。如果你要同他谈话，他只能拿出数秒钟的时间，如果谈话时间长一点，他便会伸手把表看了再看，暗示着他的时间很紧张。他科室的检验业务做得虽然很大，但是成本更大。究其原因，主要是他在工作安排上七颠八倒，毫无秩序。他做起事来，也常为杂乱的东西所阻碍。结果，他的事务总是一团糟，办公桌简直就是一个垃圾堆。他经常很忙碌，从来没有时间来整理自己的东西，即使有时间，他也不知道怎样去整理、安放。另外有一种人，与上述那种人恰恰相反。他从来不显出忙碌的样子，做事非常镇静，总是很平静祥和。别人不论有什么难事和他商谈，他总是彬彬有礼。在他的科室里寂静无声地埋头苦干，各样东西安放得也有条不紊，检验工作和其他各种事务也安排得恰到好处。他每晚都要整理自己的办公桌，对于重要的信件就立即回复，并且将信件整理得井井有条。而且他科室的每一个职工，做起事来也都极有秩序，一派生机盎然之象。

💡 **链接**　　　　　　　**"最会享受的美女"**

"享受工作的过程和快乐是我一生要追求的"——这是海南省药品检验所业务办公室主任李艳发自心底的话。今年42岁的李艳看上去比实际年龄年轻许多，在同事眼里，她总是神清气爽，她的以身作则、兢兢业业又体现出另一种艳丽。久而久之，李艳不仅落了个好人缘，还得了个绰号——最会享受的美女。

实际上，李艳是单位里的大忙人，每天工作十几个小时是常态，白天处理单位里承上启下的一大堆业务活儿，晚上则是审批处理各种业务报告的办公时间。

遵守这样的作息时间，还要家吗？李艳的爱人在广州工作，孩子跟她在海口，今年上初三。"我从来都是吃快餐，寒暑假在家，妈妈早早地煮上一锅饭或炖上一锅汤，再炒上两盘菜放在那，我就吃一天。"李艳的儿子说，从上小学至今，妈妈几乎没到学校接过自己，能参加家长会就是自己最大的满足了。

夫妻两地分居，妻子又这么拼命地工作，丈夫理解吗？对此，李艳毫不掩饰：爱人三次帮她办调动，她都放弃了。她也动摇过，特别是爱人第三次给她办调动时，正赶上所里实行绩效工资改革，奖金少了一大半，为这事，所里走了好几个硕士生博士生。可静下来一想，自己早已适应这种工作和生活方式，尤其是自己把工作氛围看得比什么都重要，到了广州，钱是挣多了，可这种工作过程和成果能享受得到吗？当然，夫妻常年两地分居的确不是个事，李艳下决心要把爱人从广州拽回来，她相信，随着海南的发展，这一天会到来的。今年4月国内一些地方发生"毒胶囊"事件，4月22日，海南省药品检验所承担了全省200多批胶囊的检验工作，牵头的就是李艳所在的业务办公室。李艳是当天晚上9点接到通知的，她连夜协调了全省的5个单位，调集人力物力后，又果断地制订出应急检验方案，没等到上级规定的时间，李艳就领着大伙胜利完成任务，获得国家有关部门的好评。"对工作成果的享受，比什么都开心。"李艳说出了心里话。（摘自2012年8月9日《光明日报》）

思考题

1. 在检验工作为什么要坚持独立思考？

2. 食品药品检验科学公正的力量表现在哪里？

3. 保证检验过程的客观性有何意义？

4. 坚守严谨品格有哪些实现途径？

要养成严谨的习惯，要学会做科学中的细小工作，要研究事实，对比事实，尊重事实。

——甘肃省药品检验研究院　田向兵

简要的结语

在社会主义核心价值观的指引下，树立正确的人生观和价值观，培育严谨的品格，是科学检验精神的基本要求。大力倡导严谨品格，使之内化为检验工作者的一种工作态度和行为习惯，是社会主义核心价值观在检验工作中的直接体现。

一切美好的理想、品德、情操都贵在坚守。在阳光下要坚守，在阴影里要坚守，在暴风骤雨中还能坚守就不同凡响了。坚守就是成功，坚守就是胜利，坚守也是幸福。

接下来，就让我们透过坚守，去其背后领略机制保障的风采吧。

第四章

润物无声　善做善成

　　世界万物之所以存在，是因为它根植于培养它的土壤。严谨检验就如一棵树的成长，离不开阳光、雨水，更离不开土壤。严谨检验的阳光、雨水和土壤就是法律法规、科学管理、考核评估、廉洁自律等所提供的保障。

致机制保障

有严谨

不一定能成大事

但没有严谨

一定成不了大事

严谨

在路上

也许阔步

也许彷徨

也许欢笑

也许忧伤

是你一路深情陪护

鼎力　成就

严谨的辉煌

以严谨的工作态度，用科学的实验方法，出准确的实验报告，严格把好药品安全关。

——甘肃省药品检验研究院　田向兵

我们在前面已经说过，对食品药品的检验，是其安全性和有效性的重要保障，我们必须清醒地认识到，检验机构的任何一个失误，都会给受检方、检验方和人民生命安全带来负面影响甚至严重威胁，检验机构也需为此付出代价，而严谨的工作态度可以在很大程度上避免检验中出现的风险，严谨检验可以使检验机构准确判断被检产品的质量状况；严谨检验可以有效预知不良事件的发生、不良商品的流通；严谨检验可以将使用者的危害降至最低。防患于未然，这样对于整个检验行业的检验水平、检验质量和科学有效监督都具有重要的意义。严谨细致的工作作风实现了对检验事业更加公正、公平、科学、有效的监督与管理，将严肃谨慎贯穿在检验工作的整个过程既是顺应时代发展的具体要求，也是符合社会大环境的迫切需要。但是，严谨品格的养成，严谨精神的弘扬，受着诸多主观、客观因素的制约与影响，没有全面而稳定的机制保障，难成气候，难成其事。对此，食品药品检验机构要从战略上予以考虑，逐步建立和完善相关保障机制。

湖南省食品药品检验院向群众赠送药箱

第一节　法律法规规范严谨检验

法律法规，指中华人民共和国现行有效的法律、行政法规、司法解释、地方法规、地方规章、部门规章及其他规范性文件以及对于该等法律法规的不时修改和补充。广义上讲，法律泛指一切规范性文件；狭义上讲，仅指全国人大及其常委会制定的规范性文件。法规主要指行政法规、地方性法规、民族自治法规及经济特区法规等。

国家赋予食品药品检验机构检验的权力，食品药品检验机构承担依法实施食品药品行政执法所需要的食品、药品、医疗器械、保健食品、化妆品等的检验工作。

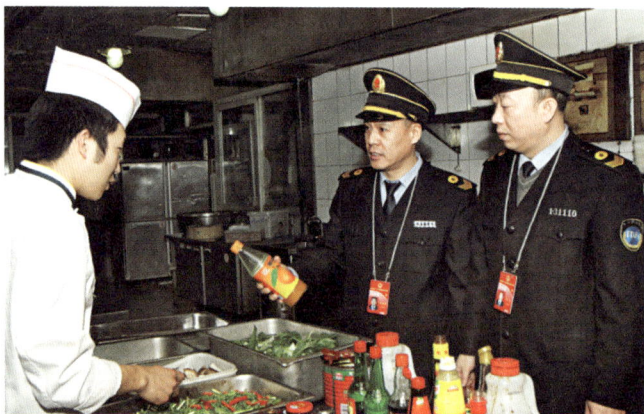

食品药品监管执法人员进行餐饮食品安全检查

1. 法规赋予检验权责一致

检验机构的检验职能，不是自封的，而是法律赋予的。《药品管理法》第一章第六条规定："药品监督管理部门设置或者确定的药品检验机构，承担依法实施药品审批和药品质量监督检查所需的药品检验工作。"

《食品安全法》第五十七条规定："食品检验机构按照国家有关认证认可的规定取得资质认定后，方可从事食品检验活动。""本法施行前经国务院有关主管部门批准设立或者经依法认定的食品检验机构，可以依照本法继续从事食品检验活动。"

　　同时，法律也规定了食品药品检验机构必须履行的义务和违反法律规定必须承担的法律责任。譬如，《食品安全法》第五十八条规定："食品检验由食品检验机构指定的检验工作者独立进行。""检验工作者应当依照有关法律、法规的规定，并依照食品安全标准和检验规范对食品进行检验，尊重科学，恪守职业道德，保证出具的检验数据和结论客观、公正，不得出具虚假的检验报告。"第五十九条规定："食品检验实行食品检验机构与检验工作者负责制。食品检验报告应当加盖食品检验机构公章，并有检验工作者的签名或者盖章。食品检验机构和检验工作者对出具的食品检验报告负责。"《药品管理法》第八十七条规定："药品检验机构出具虚假检验报告，构成犯罪的，依法追究刑事责任；不构成犯罪的，责令改正，给予警告，对单位并处三万元以上五万元以下的罚款；对直接负责的主管人员和其他直接责任人员依法给予降级、撤职、开除的处分，并处三万元以下的罚款；有违法所得的，没收违法所得；情节严重的，撤销其检验资格。药品检验机构出具的检验结果不实，造成损失的，应当承担相应的赔偿责任。"

　　这些法律条文，对于约束、规范食品药品检验工作者的从业行为具有重要作用，并且有利于社会监督。更是严谨检验法规要求。

科学严谨，是食品药品检验精神的灵魂。

——甘肃省药品检验研究院　李冬华

▶ **案例：** 陕西省西安沣东新城食品药品监督管理局假公济私，为辖区一个地处污染源的"物流配送中心"——西安祥云物流配送中心，核发了食品流通许可证，让这个建在污染源上的"问题市场"瞬间合法化。这是一起典型的滥用职权案件，在社会上造成了恶劣影响。此案也值得引起食品药品检验工作者警醒。

祥云物流配送中心

2. 法规保障检验物质补给

法律不仅赋予食品药品检验机构的权利和义务，而且也明确规定了检验机构必须要有物质保障。检验机构的物质保障，是指实施实验室建立和能够保证其公正性、独立性并与其检验和校准活动相适应的必需的物质条件，包括经费投入、活动基地和其他基础设施建设。

▶ **案例：** 2005年国务院颁布了《国家药品安全规划（2011~2015年）》《食品药品监督管理基础设施建设规划》。国家总局先后制定了《食品药品检验所工作用房包括实验、办公和辅助用房建筑面积基本标准》《保健食品检验实验室建筑面积基本标准》《全国药品检验机构基本仪器配置标准》

疏漏猛于虎，严谨大于天。

——甘肃省药品检验研究院　张晓惠

《餐饮服务食品安全检验机构技术装备基本标准》《餐饮服务食品安全现
场快速检验设备配备基本标准》《保健食品检验用仪器设备基本标准》等
配套文件，为全面提高食品药品安全技术支撑水平，提供了有力的物质
保障，为加快建成适应监管和发展需要的"一个中心"（中检院）、"三个
网络"（许可检验网络、监督检验网络、检验技术研究网络）、"五个平
台"（质量管理平台、技术交流平台、应急检验平台、技术队伍平台、信
息服务平台）建设创造了条件。

3. 法规规范检验技术标准

技术标准是检验工作者实施检验工作的依据。技术标准在规范检验行
为，实现可持续发展方面同国家政策、法规一样，具有重要的作用。标准
化管理可以为经济发展节约资金、提高速度，带来显著的社会经济效益。
食品药品检验技术标准是体现控制产品质量的技术材料，其相关的管理规
定必定直接影响监管部门在执法协和中的职能履行。《药品管理法》《食品
安全法》等相关法律法规以及部门规章，都明确规定食品药品检验必须执
行有关技术标准。但是目前我国食品药品安全标准很不完善，《食品安全
国家标准管理办法》和《医疗器械标准管理办法》分别在2010年、2002
年施行，而药品、保健品、化妆品
的标准管理规定还没有出台。我国
食品标准由国家标准、行业标准、
地方标准、企业标准等4级构成，
存在重复、交叉和空白的现象，使
得某些标准难以执行。因此，需要

小贴士

技术标准，是指重复性
的技术事项在一定范围内的统
一规定，包括基础技术标准、
产品标准、工艺标准、检验试
验方法标准及安全、卫生、环
保标准等。

做人要有良心，检验需要严谨。

——甘肃省药品检验研究院 张晓惠

尽快建立统一、科学的食品药品安全标准体系。

第二节 管理科学促进严谨检验

随着科学技术的发展，食品药品领域新技术、新工艺、新方法的开发应用，使得检验工作变得越来越复杂，要求越来越精细。实现严谨检验，不仅仅需要依靠法律法规这个"硬指标"来规范，更需要构建科学管理体系，不断提高科学管理水平。科学严谨的管理能够排除一切不良因素，带来巨大的社会经济效益。

1. 实现仪器设备的科学管理

严谨是一种品格、习惯，是一种作风，同时更需要手段。仪器设备信息系统化管理，就是利用网络和软件把仪器设备、人员、数据等连在一起，实现信息化，使得仪器设备及相关信息在该网络系统中可查、可控、可管理。是体现严谨的重要手段。

链接 陕西省医疗器械检验中心根据实验中出现的一些不合格项，总结出检验行业中影响检验结果准确性和可靠性的主要因素，针对这几个因素实事求是地开展自查自纠活动，制定出了如何提高检验严谨性的专业技术框架。

技术路线

- 仪器陈旧 → 构建仪器查新网站
  - 仪器查新
  - 医疗器械检测机构
  - 信息录入
  - 医疗器械企业
- 标准模糊 → 细化解读验证标准
  - 统计检测方法不具体或方法有争议的标准分数
  - 与标委会沟通
  - 统一标准中的方法
  - 多方验证标准
- 数据处理 → 开展专业知识培训
  - 误差的分类及其表示方法
  - 实验误差原理
  - 实验数据的期望值、方差及其估计
  - 实验测量中误差的传递
  - 实验数据的平均值及其误差
  - 实验数据的统计检验
  - 实验结果的正确报道
  - 实验数据的表示法

→ 获得更精确严谨的数据

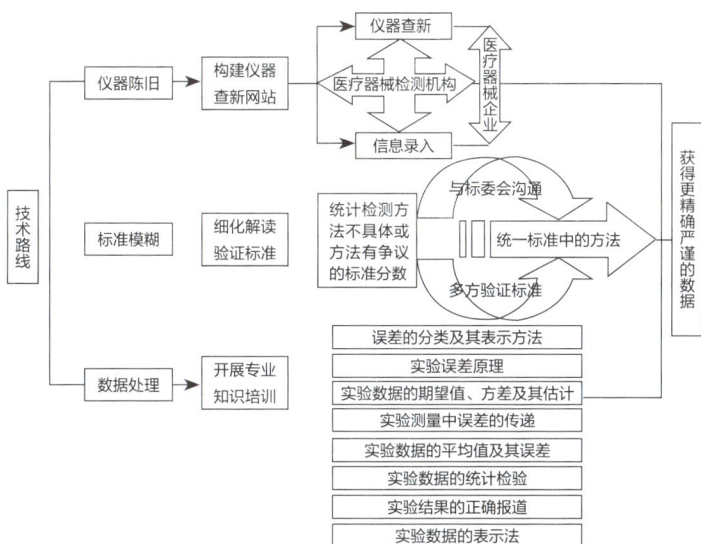

依据该框架，通过认真细致的流程化操作，确保了检验过程更加科学标准，检验结果更加可靠，提高了工作效率。

一般说来，一个食品药品检验院（所）所拥有仪器设备的规模和使用效率，能够反映该单位检验工作的质量水平和科研能力。仪器设备是

检验工作者在操作

用严格的制度和谨慎的态度保证检验事业健康发展。

——青海省食品药品检验所　郭凯宁

检验工作的物质基础。每个检验机构都有仪器设备管理规章制度，但执行力度不一样，管理水平有高低之分。有的管理水平低，一方面是因为缺少懂得仪器管理的专业人才，仪器设备处在放任自流的运行状态；一方面是实行近似于"计件工资"式的奖金分配办法，未把仪器设备的耗损和试剂的消耗计入成本。在这种情况下，有些检验工作者只看重检品任务的完成，对仪器设备的保养、管理缺乏热情，纵然仪器设备坏了也与其无关，不会追究责任。

"基础不牢，地动山摇"。对仪器设备实行规范化、科学化管理，是严谨检验的基础工作，目的就是为了提高仪器设备的利用率和完好率，直接降低运行成本，使其发挥更大的效益。仪器设备管理无小事，要做到面面俱到，越精细越好，不留任何死角，特别是要克服随意性，用严格的制度和信息化手段去管人管物。当前，要在抓紧培养、引进相关专业人才的同时，着力推动仪器设备信息系统化管理，明确和落实每个运行环节和操作人员的责任，这是实现仪器设备科学管理的必由之路。

2. 完善实验室环境的严谨管理

洁净区（室）环境检测

　　检验活动的主体是人。人的行为大多随环境的变化而变化，无论做什么，人和环境总要形成互为、互动的状态，在这一过程中，往往是大多数人受制于环境，被环境所左右，工作环境的好坏对于人的心情、能力、健康的影响是比较大的。一个长年在阴暗环境中工作的人，心理也可能变得阴暗；一个长期在有毒有害环境中工作的人，身体很可能不健康；一个长期在缺少人情味的环境中工作的人，有可能也变得冷漠无情。种种现象说明了环境管理多么重要，何况是对环境有特殊要求的食品药品检验工作，环境管理一定要做到位。如果环境不符合要求，一定会影响检验结果。譬如，在灰尘飞扬的实验室做"蒸发残渣"项目，检验结果肯定无法让人信服。要更新管理理念，用美学的观点和方法去看待和管理环境，创造出环境美。在传统观念里，实验室是神圣的地方，除了摆放实验仪器设备以外别无他物。但有的实验室检验时接触有毒有害物质，有的实验室做熟食品实验，有难闻的气味，所以

小贴士　美学是以对美的本质及其意义的研究为主题的学科。美学是哲学的一个分支。

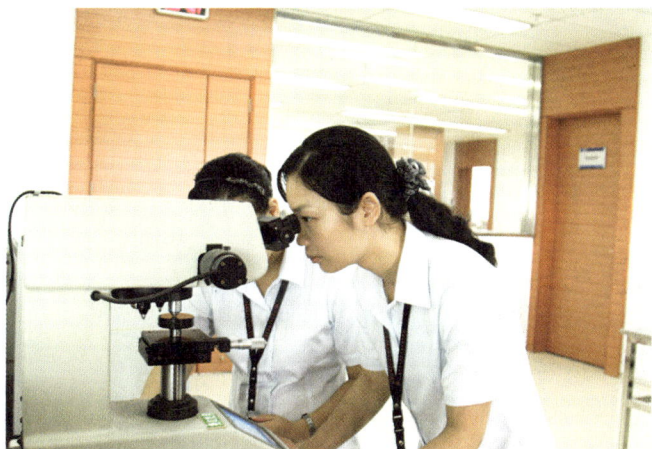

检验工作者在工作

当人们走进实验室时便有一种沉闷、枯燥的甚至是恐惧的感觉。这是一个不可小觑的现实问题。

为保证检验工作质量，实验室的设施和环境条件必须满足工作需要，实验室除了配备必需的能源、照明外，应根据实验功能的不同配备相应的实验室，并对诸如生物消毒、灰尘、电磁干扰、辐射、湿度、供电、温度、声级和振级等影响检验结果质量的因素进行监测、控制和记录，还应考虑对不相容的检测活动进行有效的隔离；对于有高污染的实验室，应根据工作流程应设置污染区、非污染区并予以明显标识；对影响检测质量和高污染区的实验室应有限制进入标识。实验室还应考虑对实验产生的废气、废水和废渣（废弃物）进行收集、降解、破坏等无害化处理，不允许随便排放和丢弃而污染环境和危害健康。为了保证检测结果的准确性和有效性，实验室应根据检测需求来配置相应的设施和对可能影响检测工作的环境因素进行有效的控制、记录，使设施和环境条件满足检测需要，有利于检测的正确实施，并确保实验室生产安全和实验室人员的安全。

同时，要适度"打扮"实验室，按照视线舒适的需要改变墙壁的颜色；保持实验室和办公室整洁，使用过的物件要及时归整，在

广东省医疗器械质量监督检验所良好的办公环境

适当的地方摆放一些实验人员喜爱的小饰物、小卡通，摆放家人照片等。在走廊墙壁开辟文化长廊，让实验人员自行涂鸦，或表达心情或宣泄情绪，并定期清洗。搞好工作环境的管理是为了调动人的积极性，要根据检验工作者的精神需求，健全配套的休息室、图书馆、健身房、娱乐室。当然，实验室的环境管理也要恰到好处，领导不能把自己的爱好和意志强加于人。某检验所领导爱好音乐，为了给职工营造舒适优雅工作氛围，在实验室安装了音乐播放系统，每天不停地播放音乐，但好心却引起了职工们的反感，认为干扰了工作，破坏了心情，得不偿失。

3. 强化全员全过程的质量管理

质量管理是严谨检验的题中之意，是食品药品检验机构的生命线。质量体系文件是质量管理的基本要素，一般包括：质量手册、程序文件、作业指导书、质量标准、检验技术规范与标准方法、质量计划、质量记录、检验报告等。质量管理如果只靠少数人搞质量管理而没有全体职工的参与，再详细的质量文件、再严密的工作流程、再严格的质量要求都是纸上谈兵。所以，每一个检验工作者都必须深入了解本岗位在质量管理体系中的位置和作用，知晓工作应达到的标准和应负的责任，自觉准确地执行体系文件。为此，要不断向职工灌输质量意识，促使其加深对体系文件的理解，从思维、理念到工作习惯都能够适应在体系运行状态下的工作模式。专业科室监督员和质量管理部门要坚持原则，要善于发现问题，发现问题要及时解决或向上级如实报告，不能讲情面，不能拖拖拉拉。领导则要以严谨的作风带头落实质量管理责任，在处理违反质量管理规定的事故时，要敢于当"包公"，不怕得罪人。领导带好头，大家有劲头。当全体职工都动真的，质量体系运行就有了活力和保证，就能获得预期的效果。

💡 **链接**　江西省食品药品检验所2014年8月修订出台了《江西省食品药品检验所工作差错事故处理规定》。该规定从差错事故的定性分类、报告方式、调查和确认程序、处理办法四个方面进一步细化，责任更加明确，处理可操作性更强。对质量的有效控制，避免或减少差错事故的发生将发挥重要作用。

4. 推动优秀人才的培育管理

培养和造就严谨作风的人才十分重要。人才是兴业之本。优秀的管理人才可以通过科学谋划和决策，大大提高检验工作的效率，保证检验工作的准确性，带动检验事业的健康发展。检验机构中有很多的科长、主任等管理人员，但是，管理人员不一定就是管理人才，管理人才有其特定的涵义，简言之，管理人才就是从事检验管理活动的人才，是检验管理人员中的佼佼者。在我国食品药品检验机构，检验人才不计其数，但既会检验又懂管理的人才相当缺乏。这是我国食品药品检验机构总体管理水平不高的重要原因之一。就全国而言，建设总量适度、结构合理、素质过硬的管理人才队伍已是刻不容缓，也是百年大计。我们要从战略高度逐步解决管理型人才队伍建设问题，通过引进、培训、学历教育、国际合作交流、在岗自学等途径，加快培养造就一批熟悉检验业务和监管法律法规、能够把握行业前沿动向、具有国际视野和精湛管理艺术的复合型管理人才，通过他们的引领、辐射作用而不断提高检验机构

浅河要当深渡，检验务必严谨。

——海南省食品药品检验所　吴成杰

的科学检验能力。

💡 **链接**　陕西省医疗器械检验中心出台了《"四种人才"管理办法》，将中心全体人员按照承担任务和工作完成情况分为四种人才，即：普通型人才、研究型人才、专家型人才、骨干综合型人

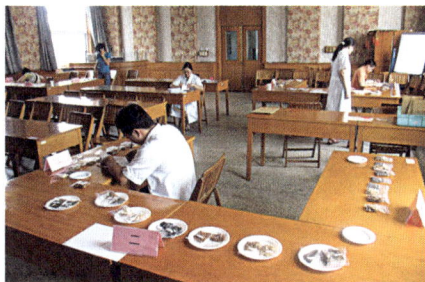

食品药品检验研究院开展中药鉴别比赛

才。分别按照工作年限、学历、职称、年度考核、参与研发项目、标准制定等相关内容对人员进行分类，对四种人才制定了考核评定措施。

第三节　职业道德建设提升严谨检验

职业道德是整个社会道德的主要内容，是一个从业人员的生活态度、价值观念的表现，也是一个职业集体，甚至一个行业全体人员的行为表现。职业道德是整个社会道德的主要内容，是一个从业人员的生活态度、价值观念的表现，也是一个职业集体，甚至一个行业全体人员的行为表现。

为民检验是食品药品检验机构的天职。检验工作者能不能正确行使权力，科学、高效地开展检验活动，不仅取决于其能力大小，也取决于其职业道德水平的高低。只有牢固树立了崇高的职业理想，养成了良好的职业道德，才会有严谨细致的工作作风，才能尽职尽责地做好本职工作。反之，如果没有正确的权利观、事业观，没有为民检验、团结协作的道德素养，就履行不好自己的职责。通过加强职业道德建设，以强烈

诚实做人，严谨从检。

的说服力劝导力、以有效机制来保证提升食品药品检验工作者的道德觉悟，引导他们树立与自己承担的责任相适应的职业道德品质，使之成为增强事业心和责任感的驱动力、服从工作纪律和要求的约束力、勤奋工作廉洁奉公的鞭策力，从而做到兢兢业业、恪尽职守。这种职业道德境界的形成，是实现严谨检验的道德基础和精神动力。

1. 寓教于"乐"

加强教育，就要强化思想政治教育。思想政治教育要围绕社会主义核心价值体系建设，深入开展核心价值观、荣辱观教育活动，着力增强职业意识，着力培育高尚品德，着力养成文明行为。广泛开展形式多样的教育活动，陶冶情操，充实精神生活，升华道德境界，努力营造以恪守职业道德为荣，违反职业道德为耻的良好风气。

当然，思想教育一定要与解决实际问题紧密结合起来。食品药品检验属于技术职能型职业，食品药品检验技术工作者更追求在技术职能领域的成长，喜欢面对专业领域的挑战，领导者要给予更多的支持，在其晋升上着重技术或专业等级的发展。对他们工作和生活中遇到的困难和问题，要在可能的条件下尽最大力量帮助解决。实际问题的解决，有利于增强食品药品检验职业道德教育的亲和力、说服力和团队的凝聚力。同时，作为技术性强的食品药品检验机构，职业道德教育不应该是空洞的说教，应将其寓于科学文化、业务技能的教育之中，这样才能从根本上提高检验工作者的职业道德素质。

严谨相依 永远的职业坚守

176

2. 同步并行

职业道德建设有其自身的独特性，但它并不游离于社会之外，它与整个社会道德建设是密切相关的。思想政治教育的最终目的是塑造社会成员的正确意识、行为素质，而职业道德建设的最终目标是提高从业人员的职业道德素质。职业道德建设必须具有针对性、时效性、职业性和灵活性。这就要求职业道德建设要"三同步"。

食品药品检验工作规划与职业道德建设规划同步定位

食品药品检验工作最终是以把好食品药品质量关，保障公众饮食用药安全为目标。为实现这一目标，就必须以一流的技术、一流的管理、一流的服务，确保检验工作准确无误、及时高效。两项工作的同一定位，意味着职业道德建设要围绕食品药品检验工作同步进行，要以严格的职业规范及其管理营造文明有序的食品药品检验工作环境，以公正、廉洁的食品药品检验行为"为国把关、为民尽责"，以完善的食品药品检验手段为监管部门提供强有力的技术支撑，从而保证食品药品检验工作规划和职业道德建设规划的顺利实现。

职业道德建设的惩治与防治同步抓好

惩治与防治是职业道德建设相互补充、相互促进的两个方面。"惩治"，就是根据有关法律法规、纪律及职业道德行为规范，抓住带有倾向性的、群众反映比较强烈的问题，例如"吃、拿、卡、要、报"等，惩处已发生的违背职业道德规范的行为。"防治"，就是从源头抓起，预防和治理行业不正之风。针对思想政治教育和管理工作上的薄弱环节和制度上的漏洞，制定有效的教育、防范与监督的措施，以减少和消除产生违反职业道德行为的土壤和条件。惩治与防治同步，就是把"治标"和"治本"有机结合起来，双管齐下。只有抓住惩治与防治同步这个关键，才能改善和提高食品药品检验机构自身抵御职业道德风气不正的总体功能和效应，从根本上把违反职业道德的行为遏制到最低限度，树立食品药品检验队伍的良好形象。

激励与监督同步落实

职业道德建设是以物质为前提和基础的，要努力把加强职工道德建设由"虚"化作食品药品检验工作者口袋收入中的"实"。这就需要利用好激励手段，将职业道德品质的好坏与职称晋升、工资奖金等物质奖励或相应的精神奖励挂钩，采用激励的方式对职业道德高尚的从业者加以表彰。

3. 制度为先

制度的建立和完善十分重要，这是巩固和发展职业道德建设的根本保证。

建立健全职业道德行为规范

规范化是食品药品检验队伍职业道德建设的首要环节。现阶段我国食品药品检验队伍职业道德的规范化建设，应以建立食品药品检验队伍职业道德规范为起点，以完善食品药品检验队伍职业道德规范体系为目标，加紧出台一系列食品药品检验队伍职业道德的行为规范。通过职业

严谨是确保检验质量的前提。

——天津市医疗器械质量监督检验中心 马金竹

道德规范的出台和实施，将职业道德内化为食品药品检验队伍的行为准则，切实约束食品药品检验队伍的言行举止，以充分发挥职业道德规范的效力。

建立健全职业道德建设领导机制

中央颁布的《公民道德建设实施纲要》中指出"加强公民道德建设，共产党员和领导干部的模范带头作用十分重要"。一方面，食品药品检验机构要切实加强职业道德建设的组织领导，坚持党的领导，把职业道德建设作为"一把手工程"来抓，实行"一把手"负责制。另一方面，由于领导干部有着职业上的特殊性，影响和决定着一个单位的工作与发展，是一个单位职业道德建设的关键。领导干部应当处处起表率作用，要求职工群众热爱食品药品检验工作，领导干部要首先热爱食品药品检验工作、爱岗位、爱职工；要求职工群众遵纪守法、勤奋尽职，领导干部首先要廉政勤政、严于律己。共产党员要带头做职业道德建设的模范。

建立健全职业道德培训制度

培训是提升职业道德水平的重要手段。培训制度要体现针对性、系统性、实践性，根据文化、年龄、专业、岗位等不同层次，制订培训方案，编写培训教材，开展培训活动。比如在设有食品药品专业的高校开设食品药品队伍职业道德公共选修课程，对未来的食品药品检验工作者进行职业道德普及化教育。

认真、细致、严谨是检验工作者不变的信念。

事前的谨慎，胜于事后的追究。

严谨做事是每一个检验工作者的工作标准。

——吉林省医疗器械检验所　周喜鹏

建立健全职业道德预警机制

预警机制的作用在于超前反馈、及时布置、防风险于未然，打信息安全的主动仗。放在食品药品检验事业职业道德的背景下，即指防范食品药品检验工作者违反职业道德的制度、措施和方法。其特点是针对在食品药品检验工作中可能发生的问题或已经出现的错误苗头进行防范和监控的一种机制，重在事前监督和防范腐败行为的发生。

建立健全职业道德建设责任制和责任追究制度

落实责任是职业道德建设的重要一环。各层级要按照"一岗双责"的要求，细化职责任务，强化各级负责人的责任意识，实行问责制，对违反职业道德造成不良影响的，要依纪依规严肃处理；对因责任人不认真履行责任，责任部门内工作人员发生不廉洁问题的，要视情况对责任领导、行政负责人进行廉政谈话，做出批评处理，进行责任追究，以正风气。

强化职业道德建设制度的执行力

职业道德建设是一项经常性、长期性的系统工程，建立长效机制势在必行。制度建立后必须严格执行。有效的制度执行力是职业道德建设的坚强保证，也是惩贪防腐的利剑。推进食品药品检验队伍职业道德建设，要强化制度的执行力。在制度制定上，要将制度中的弹性降至最低，人为操作空间压至最小，做到零容忍。要把制度摊开在桌面上，公开在公众视野中，从而使制度在阳光下被敬畏、维护、执行。

链接　某省食品药品检验所党委书记对全所党员干部说：人活在

> 行严谨之风，做严谨之事，育严谨之师。
>
> ——吉林省医疗器械检验所　王晓燕

世，就要以德立身，以自律为前提。道德是走向成功之路的基石。对于每个食品药品检验工作者而言，就是要把自己当"人"看。当什么"人"看呢?当清清白白、堂堂正正的食品药品检验工作者看，自尊、自警、自爱、自重，无论在何种环境下，都能在诱惑面前保持气节，而不会成为某些人利益交换的工具。

第四节　党风廉政建设保障严谨检验

廉政从检是实现检验严谨的必然要求，就是说，严谨必须廉政。廉政方能兴国，廉政方能正己。古人说："百代兴盛依清正，千秋基业仗民心"。这里所讲的就是廉洁自律。所谓"廉"，是指品行方正，有节操、不苟取、不贪污，也就是不利用工作职权谋取私利，不为一己之私，而害公益。"公则明，廉生威。"食品药品检验工作者特别是领导干部做清清白白、堂堂正正的人，要以清廉、正派的形象示人，赢得群众的拥护和信赖。

我们要让廉政建设把门，就是要增强抓好廉政建设的紧迫感和实效性，将贪婪、腐败的害人之"鬼"拒之门外。食品药品检验机构由于目前的工资绩效制度尚不完善，分配不够合理，有些检验工作者觉得付出与获取不相对应，心理失衡;有些单位对党风廉政建设重视不够，放松了要求和管理，出现了检不了、检不出、检不准、检不快，检验行为不规范、检验数据不准确等问题，甚至有极少数人道德堕落、违法犯罪，使食品药品检验队伍蒙羞。因此，要切实加强食品药品检验队伍党风廉政建设，在大家思想上筑牢反腐倡廉的坚固防线，做到警钟长鸣，唯其如此，才能拒"鬼"于门外。

> 严谨一日，可得一日之精彩；严谨一生，可得一生之成就。
>
> ——吉林省医疗器械检验所 杨晓辉

▶ **案例**：2009年初至2011年下半年，肖佳尚在任广州市黄埔区食品药品检验所副主任药师期间，收受十多家药店经营者贿送的好处费104万元，造成了恶劣影响，受到了法律制裁。

1. 深化党风廉政教育

只有在客观廉政风险和主观的思想道德风险，都得到有效防控的情况下，廉政风险才能降到最低。所以，防控廉政风险要坚持"硬管理"与"软约束"两手抓，坚持教育为先，把加强廉政教育作为防控廉政风险的第一道防线。构筑教育防线，把廉政教育纳入领导班子思想政治建设的重要内容，纳入党员领导干部教育培训计划，把廉政规定、知识纳入干部竞聘上岗考试的内容。特别是通过加强具体案例教育，使党员干部特别是领导干部认清廉政风险时时刻刻存在，随时可能转化为腐败问题，从而增强危机意识，增强防控廉政风险的责任感和自觉性。

2. 推进廉政制度建设

没有健全的、严格的制度作保证，权力运行就会脱离正确的轨道。要把制度建设摆在突出的位置，努力构建防控廉政风险的制度体系。建立起切实管用的制度，对权力运行加以规范，使权力在制度的约束下运行。对不按制度行权、不按制度办事的，要严格追责，维护制度的严肃性。

💡**链接** 吉林省食品药品检验所加强廉政风险防范管理要求全所按照"23433"的工作内容，认真进行权力梳理定位，查找权力运行的廉政风险点，合理划分风险等级，具体要求是划分"两类权力"，即检验检验的业务类和项目资金、人事财务、资产管理与采购等内部综合行政管理类；明确"三个层次"，即按照岗位和职责不同，明确所级领导、中层领导和其他工作人员三个层次；查找"四个方面"的风险，即思想道德风险、岗位职责风险、制度机制风险、社会关系风险；建立"三道防线"，即前期预防、中期监控和后期处置；确定"三个等级"，即将岗位风险由高至低划分为三个等级：一级为较高风险、二级为一般风险、三级为较低风险。在此基础上，进一步明确工作运行程序和权力运行轨迹，通过动员部署、查找风险点、确定风险等级、制定防控措施、填写风险识别、绘制工作流程图、公布权力、逐步建立电子监管平台、试运行等步骤开展具体工作，统筹实施，努力把风险点变为安全区。

3. 加强权力运行的监督

一些明显丧失检验职业道德的问题之所以存在，有多方面的原因，监督不力是其中之一。食品药品检验机构党组织要切实负起主体责任、纪检监察机构要负起监督责任，要在完善监督机制上下功夫，逐步建立

食品药品检验所举办公众开放日活动

既有内部监督又有外部监督、既有事前监督又有事中、事后监督的监督机制。监督的重点对象是领导班子及其成员、共产党员、中层干部、业务骨干。监督的重点内容是廉政建设实施进展、有无成效、"三重一大"、工作人员特别是共产党员在急难险重任务面前的现实表现。要强化职工群众的监督。充分发挥党内监督和民主监督的作用。同时，要扩大社会监督。聘请人大代表、政协委员、企业、新闻媒体、政府有关部门的人士担任食品药品检验社会监督员，扩大社会参与度，把相对封闭的食品药品检验队伍置于社会监督之下。

第五节　考核评估助力严谨检验

食品药品检验考核评估，是指食品药品检验机构以目标为导向，以人为中心，以成果为标准，对职工的工作行为和取得的工作业绩进行评估，并运用评估的结果对职工将来的工作行为和工作业绩产生正面引导的过程和方法。考核评估是实现目标管理的重要手段，也是严谨检验的重要制度保障。

💡 链接　重庆市食品药品检验所推行量化考核评估制度的做法，在专业技术职称评审、聘任及职员职务晋升工作中引入量化考核制度，建立客观、公平、公正的人才评价体系，探索适应我所发展的人力资源管理新模式。

量化考核评估体系以德、勤、绩、能为主要指标量化，设立基本条件、科研论文、奖励表彰和综合能力等评估板块，赋以不同的权重系数，强调德勤合格，突出绩能实效，坚持客观公正、民主公开，注重实绩的原则，把握定性定量相结合，指标与导向相结合，项目与权重相结合的准则，依据职务职级不同、工作年资不同、履行岗位责任不同，建立评估标准，真正把考核结果与职务评审、岗位聘任工作挂起钩来。

在2013年专业技术职务评审、岗位聘任和职员职务晋升工作中，评审专业技术职务23名，聘任专业技术岗位19名，晋升职员职务5名。通过全面推行量化考核评估制度，在所内形成了有效的竞争机制，打破了过去平均主义的分配模式，突出了食品药品检验科研导向。

1. 考核评估要把握的原则

目前，我国各级食品药品检验所（院）是隶属于食品药品监督管理局的事业单位。事业单位人员考核的概念有广义和狭义之分。这里讲的考核，是狭义的绩效考核，专指对事业单位工作人员年度性、规范化的考察和审核，即事业单位工作人员的年度考核。考核要遵循科学全面、客观准确、民主公开、规范操作，全面考核、突出重点，着眼当前、注重长远的考核工作原则，充分发挥考核评估的推动、激励和约束作用。规范、完善的工作标准是绩效考核的基础，考核要依据各岗位的职责和工作内容，将作业指导书以及与岗位相关管理制度的要求进一步集成、细化、量化。让每个岗位职工知道上班后干什么、怎么干、何时干完、工作要达到什么标准，以及不这样做会有什么样的绩效损失。通过制订工作标准，进一步规范、量化绩效考核指标，增强绩效考核的可操作性。

小贴士

事业单位应当根据聘用合同规定的岗位职责任务，全面考核工作人员的表现，重点考核工作业绩。

严谨检验，慎终如始。

——吉林省医疗器械检验所　隋红梅

2. 考核评估要公开公平公正

考核工作是对职工工作绩效优劣的评价反馈，目的是提高全体职工的绩效，从而达到提升组织绩效的目标，所以全员考核十分必要。考核工作应当自上而下进行，领导和群众要一视同仁。对领导的考核方案、考核结果要公示公开。这既是接受监督的好方法，也是增强单位凝聚力的有效途径。

那么，怎么考核呢？职能部门的工作目标可以量化，那么就直接给予量化。譬如，培训工作，可以用培训时间、培训次数、职工的评价来衡量；执行考勤制度的情况，可以用违反次数来表示。困难的是那些比较抽象的目标，譬如"提高质量水平"，则可以通过目标转化的方式来实现量化，转化的工具就是数量、质量、成本、时间等元素。通过目标的转化，许多模糊的目标就可以清晰化了。当然，也有一些职能部门岗位，工作繁杂琐碎，不好量化，譬如办公室主任、行政人员、勤杂人员等。对此，可以对该职位工作进行盘点，找出该职位所承担的关键职责，然后运用合适的指标进行量化，比较科学地得出其工作效率值。为此，平时管理工作中就进行痕迹化管理，详细记录工作执行者耗费的时间和取得的实绩，以备考核。痕迹化管理，就是在管理工作过程中，从时间和管理内容方面，做出缜密的不留空白的工作记录，通过查证保留下来的文字、图片、实物、电子档案等资料，可以有效复

小贴士
《事业单位人事管理条例》第五章第二十一条规定："年度考核结果可以分为优秀、合格、基本合格和不合格等档次，聘期考核的结果可以分为合格和不合格等档次"。

原已经发生了的工作活动，为考核提供原始而又最有说服力的依据。

3. 激励机制要有效跟进

激励机制是通过一套理性化的制度来反映激励主体与激励客体相互作用的方式。激励机制一旦形成，它就会内在地作用于组织系统本身，使组织机能处于一定的状态，并进一步影响组织的生存和发展。激励产生动机，完善有效的激励机制是调动食品药品检验工作者严谨检验积极性的"助推器"。在食品药品检验机构中，融洽的人际关系，对增强职工的团结有巨大的促进作用。培育和谐的组织氛围是激励的基础。所以要加强领导者与职工的双向交流，让职工了解单位的大事，让领导者了解职工的需要，增加彼此之间的沟通和理解，建立良好的上下级关系，形成和谐健康的人际关系。

💡**链接**　我们打小就听过"山上有座小庙，庙里有个小和尚"的故事。这个和尚每天挑水、念经、敲木鱼，给观音菩萨案桌上的净水瓶添水，夜里不让老鼠来偷东西，生活过得安稳自在。不久，来了个高和尚。他一到庙里，就把半缸水喝光了。小和尚叫他去挑水，高和尚心想一个人去挑水太吃亏了，便要小和尚和他一起去抬水，两个人只能抬一只水桶，而且水桶必须放在扁担的中央，两人才心安理得。这样总算还有水喝。后来，又来了个胖和尚。他也想喝水，但缸里没水。小和尚和高和尚叫他自己去挑，胖和尚挑来一担水，立刻独自喝光了。从此谁也不挑水，三个和尚就没水喝。大家各念各的经，各敲各的木鱼，观音菩萨面前的净水瓶也没人添水，花草枯萎了。夜里老鼠出来偷东西，谁也不管。结果老鼠猖獗，打翻烛台，燃起大火。三个和尚这才一起奋力救火，大火扑灭了，他们也觉醒了。从此三个和尚齐心协力，水自然就更多了。

三个和尚没水喝的故事说明，要办一件事，如果没制度作保证，责任不落实，人多反而办不成事。三个和尚属同一种心态，同一种思想境界，都不想出力，想依赖别人，在取水的问题上互相推诿，结果谁也不去取水。其实，三个和尚也可有水喝，只要稍加组织，订立轮流取水的制度，责任落实到人，违者重罚，这样就有水喝了。

注重内在的激励

食品药品检验机构工作者关注单位是不是真正尊重他们，关注在工作中能否取得成就，获得自尊，实现自我的价值;是否感受到生活的意义等等。为了搞好内在激励，检验机构的领导者要更新管理理念，改进思想工作，坚持以人为本，尊重人、理解人、关心人、服务人，真正把思想工作变成受人欢迎、鼓舞士气、解决问题的"和风细雨"。要让职工参与民

广东省食品药品检验所所长、党委书记罗卓雅获得2013年度中国药学发展奖食品药品检测技术奖突出成就奖

主管理，尤其是参与事关他们自身利益的决策，不断满足职工的责任、成就、认可、自尊的需要，增强其主人翁意识，使他们对组织更忠诚，对工作更满意，从而更加努力地在工作中发挥积极性和创造性，做到爱所（院）如家，激情工作，快乐生活，健康成长。

💡 链接　　　　　　　　　　**韩召王的逻辑**

　　组织的存在总是与权责结伴而行的。古代韩召王在治理他的国家时曾遇到一件烦心的事。一日韩昭王醉酒后和衣而睡，掌帽的担心他着凉，拿衣服盖在他身上，他醒后，问谁给他加盖的衣服。掌衣的说是掌帽的，于是昭王同时处罚了掌衣的和掌帽的，理由是，掌衣的忽略自己的职责，掌帽则超越了职守，就是所谓的越俎代庖，所以两者都该罚。国家是人类社会中最具代表的组织形态，古往今来，任何一个统治者要成功的治理国家，都要对国家事务进行分工，并按需要设计职位、配备人员、明确职责、授予职权，而国家对臣僚工作绩效的考核重要标准之一就是看其是否尽职尽责、固守本位。

　　韩昭王的做法是在告诉我们，无论是成功治理一个国家，还是经营一家企业或者说管理一个机构都必须依照职权与职责等对戒律的要求设计组织，就是在组织结构设计中必须根据组织职位的要求对组织内各部门及人员应委以职责、授予职权，做到职务、职责、职权三者一一对应（相等）。

注重培育与养成

需要强调的是，由严谨品格、行为和实践历史等因素共同作用而形成的严谨作风，在全国食品药品检验系统起着代代相传、潜移默化的作用。严格说来严谨检验的文化因素还仅仅是一个雏形，要丰富和发展严谨检验还有很长的路要走，还要做很多发掘、研究、传承的工作，尤其是要进一步提升食品药品检验工作者的责任意识、使命意识。要求每个人对待责任不推脱、不懈怠、不疏忽，尽忠尽职地履行自己的责任。只有每一个人都清醒地认识自己的责任，才能在全系统弘扬严谨的精神文化，将先进文化建设不断推向前进，使食品药品检验事业蒸蒸日上、发达兴旺。我们推崇严谨，我们赞美严谨，严谨可以产生巨大的正能量。然而，严谨不是孤立的，严谨也不是万能的，严谨与社会环境紧密相连，严谨仅仅是科学检验精神的重要组成部分而不是全部。因此，要全面地完整地学习和贯彻科学检验精神，在树立严谨品格的同时，更是要坚持为民、求是和创新

注重在工作中践行

一个人尤其是食品药品检验工作者要坚持始终如一地严谨地对待工作，是要付出很大代价的，但无论付出什么代价，该坚守的还是要坚守。只是，请你不要忘了，你是一个有家庭的人，或者你是丈夫和父亲，或者你是妻子和母亲，或者你是儿子、女儿，你在为工作尽责的同时，还有着家庭的责任。请不要把工作中的烦恼带到家里，也不要把家里的烦恼带到工作上。需要带回家的是你的笑脸，需要带到单位的同样也是你笑脸。

实验室人员在相对封闭的环境里工作，与外界接触少，对外交往少。严谨不是教你死板，但长期在这种环境里严谨地工作，你可能会变

得有些死板，面无表情甚至是愁眉苦脸，寡言少语不愿与人交谈，该说的话不会说，应灵活处理的问题不会处理，你甚至感到对什么事情都没有了兴趣。如果你出现这种状况，请你注意了，你已经需要认真地调整自己的心态和身体了。

食品药品检验工作是一项艰苦的劳动，其中既有体力劳动又有脑力劳动，有时候的劳动强度局外人难以想象。食品药品检验机构的领导者要尊重下属的劳动，关心下属的疾苦，有以下几种情形是不能拒绝的：对职工的表扬；与职工一道参与文体活动；对职工面带笑容；到困难职工家里坐一坐；不对职工发火；讲话不用稿子；不说"老子比你懂!"；下班时挥手向职工说"再见"。

▶ **案例**：食品药品检验机构如何做到科学检验，确保检验数据和结果的准确可靠？江西省食品药品检验所（以下称江西省所）的回答是：加强和创新思想政治工作，激发爱岗敬业、乐于奉献的正能量，为科学检验、质量管理提供强大的精神动力。

用优良传统激励人

2013年，江西省所成立60周年，仪器设备总额已近亿元，工作条件有了很大的改善。所领导班子认为，工作环境好了但艰苦奋斗的精神不能丢。为此，他们开展了"弘扬艰苦奋斗优良传统"的宣传教育活动。通过拍摄专题片、编印纪念册和老同志现身说法等形式，向全所职工展示60年里几代人的创业历程和忠于职守、严谨细致的优良作风，激励大家继承优良传统，爱所敬业，收到了潜移默化的效果。

　　江西省所不但重视检验工作优良传统教育，更重视革命传统教育。2013年8月他们组织全所党员、职工到江西干部学院接受革命传统教育，大家真切地感受到了艰苦奋斗、敢闯新路的井冈山精神。许多同志激动地表示一定要发扬艰苦奋斗的精神，兢兢业业地做好本职工作。

用身边人说身边事

　　"用身边人说身边事，用身边事教育身边人。"这是江西省所思想工作的方法之一。2014年5月30日，该所举办了以"践行社会主义核心价值观，争做食品药品检验工作标兵"为主题的第三届五月诗会。来自各个科室的选手，以诗歌朗诵或讲述故事的方式，反映全所职工及家属在践行社会主义核心价值观方面的感人事迹和内心感受，歌颂了爱国、敬业、诚信、友爱的美德。全所职工听着自己身边的故事，在感动的笑声与泪水中受到教育。

　　2014年7月1日上午，在江西省所党委举行的优秀共产党员、优秀党务工作者先进事迹报告会上，许妍和罗丹分别作先进事迹报告。许妍工作20多年，把半辈子的智慧和心血献给了检验事业。而罗丹作为聘用人员，5年来工作不舍昼夜、不计得失，任劳任怨。这一老一少的先进事迹平凡而感人，打动了到会每个人的心。尤其是聘用人员更是感动，认为把罗丹树为先进典型是对全体聘用人员的鼓励。

用阳光驱散阴霾

　　近年来，随着检验职能的扩充，江西省所承担的检验检测任务越来越多，给大家造成了很大的心理压力，有的出现了焦虑、抑郁等心理问题。

慎终如始，则无败事。

严谨是检验之本。

——陕西省食品药品检验所　刘海静

江西省所领导班子十分关心职工的心理健康，坚持以人为本，探索试行健康管理模式，开设心理健康讲堂，邀请了相关专家讲授《快乐的要素》《阳光心理让我们人生幸福》《婚姻家庭中的心理问题》等课程，并现场进行心理疏导。同时，该所还分别成立了球类、棋类、书画摄影3个兴趣小组，使职工业余生活丰富多彩。通过开展这些活动，舒缓了职工的心理压力，营造了催人奋进、激情工作、快乐生活、健康成长的良好氛围。

2014年4月30日，该所出台了《江西省食品药品检验所职业道德规范》，分别从管理人员、检验检测人员、实施与监督等方面对本所职工职业道德提出了具体要求，还首次拟定了本所职工的从业宣誓誓言。

江西省所深入细致的思想工作，如绵绵春雨般滋润职工们的心田，全所的凝聚力、检验能力明显增强。近3年来，获省自然科学奖1项、省科技进步奖3项，通过省级科技成果鉴定5项；承担了"全球基金"科研项目，得到世界卫生组织的信任。（摘自《中国医药报》2014年7月14日A04版）

思考题

1. 为什么说严谨检验一定要有机制保障？

2. 食品药品检验机构为什么要依法施检？

3. 为什么说检验工作是食品药品行政执法的支撑力量？

4. 食品药品检验机构职业道德建设的基本要求有哪些？

严谨，就要不怕艰苦，不怕烦难，工作深入细致。

工作中只有严谨细致，才能少走弯路，少出纰漏，稳操胜券。

——福建省厦门市药品检验所　黄迪

简要的结语

　　严谨检验不会从天而降，不会自然生成。它需要阳光雨露润物无声般的教化，需要适宜的生长土壤和环境，需要像铁丝网保卫国境那样的制度保障，包括法律的授权、有效的管理和廉政制度等。

　　严谨是一个永恒的话题，我们在此只是作了一些肤浅的解读。如果把严谨比作一个朋友的话，那么，他就是一个英俊、阳光、本领超强、乐于助人的好朋友。你看他，为了满足您的需要，他可以时而锁眉深思，时而奔腾跳跃，时而在深谷攀爬，时而在峰巅招手……他真的是一个时时、处处都能给予你帮助的好朋友。我们说了这么多，目的只有一个：愿您结交这位好朋友。

　　一路有严谨相随，真好！

严谨相依　永远的职业坚守

当读者朋友读罢本书，若能对"严谨"有所思考、有所收获的话，我和全体编委便深感荣幸。著书立说，无非就是要让人阅读、助人以益。倘若这样的期许实现了，在荣幸的同时，幸福也翩翩而至。在此，我要向亲爱的读者朋友说一声：谢谢您的阅读！

承蒙中国食品药品检定研究院的厚爱，我们有幸成为《科学检验精神丛书》《严谨篇》的创作者。自2014年3月28日在江苏省扬州市召开的科学检验精神丛书编委会全体会议上，正式接受《严谨篇》编写任务以来，我们就系之以情、倾之以力、梦之以成，难忘"北海会议"时海浪腾起了我们的灵感，难忘两次南昌相聚改稿时绿叶点缀了我们的窗口，难忘第三次编委会在兰州召开时小雨淋湿了我们的思绪，难忘几次北京会议思想火花的碰撞，难忘总主编李云龙同志拨云见日的指导和引人奋进的教诲……所有的难忘汇聚在一起化作了神奇的力量，从我们的指尖弹出，变成了一行行文字、一幅幅图画、一个个观点，它们集成的名字就叫《严谨篇》。这是集体智慧的结晶，作为主编，我做到了一心为"主"：按总主编的要求承担主要责任，主持内容框架的编制，主办全书的研讨会议，主改各个章节，主写重要内容，字斟句酌，茶饭不思，辗转难眠，几个月里成飘飘欲仙之人了。眼瞅着此书经过艰辛的"十月怀胎"终于"一朝分娩"，便有卸下历史重任般的"如释重负"之轻松了。

时值金秋，我仰望蓝天但见阳光灿烂，白云悠悠，耳边回响着检验工作者那忙碌的脚步声。正是六十多年来，一代代食品药品检验检验工作者创造的精神财富，给了我们取之不尽的创作源泉。从某种意义上来讲，我们是在为他们著书立说，为他们鼓与呼，这是我们所有参写人员共同的兴奋点。因此，我们怀着一颗虔诚的心，接受广大读者尤其是食品药品检验系统同仁们对本书的检阅。

我们在编写过本书程中，得到了江西省食品药品监管局局长、党组书记李舰海及局其他领导的亲切关怀，得到了江西省药品检验检测研究院领导班子的大力支持，得到了中检院李冠民、黄志禄、柳全明、高泽诚同志、丛书其他三册主编鲁艺、邵建强、郑彦云同志和《创新篇》副主编黄珊梅同志，陕西省医疗器械检测中心主任蔡玉龙等不少同仁和老师的热情帮助，郑彦云和黄珊梅还亲手帮助修改本书。借此机会，谨向他们致以真挚的谢意！

本书收录了全国部分兄弟检验机构工作人员关于严谨的精彩言论，它们为本书增色不少。在此，要衷心感谢下列单位给予支持和帮助，惠赐了言论（以来稿先后为序）：

青海省食品药品检验所、安徽省食品药品检验研究院、北京市医疗器械检验所、青岛市食品药品检验检测中心、吉林省医疗器械检验所、宁夏回族自治区食品药品检验所、陕西省食品药品检验所、福建省厦门市药品检验所、辽宁省大连市药品检验所、天津市医疗器械质量监督检验中心、湖北省武汉食品化妆品检验所、长春市食品药品检验所、吉林省食品药品检验所、浙江省食品药品检验研究院、广西壮族自治区食品药品检验所、陕西省西安市食品药品检验所、江苏省医疗器械检验所、山东省食品药品检验研究院、湖南省医疗器械与药用包装材料（容器）检测所、湖南省食品药品检验研究院、广东省食品药品检验所、海南省食品药品检验所、山西省食品药品检验所、浙江省医疗器械检验院、杭州市食品药品检验研究院、上海市食品药品检验所、吉林省药品检验所、北京大学口腔医学院口腔医疗器械检验中心、甘肃省药品检验研究院等。

全体编委均参与了本书的起草工作，刘坤、马晓平和黄羽佳等同志协助主编对本书进行了修改。因为编写本书，我们与严谨结伴而行走到今天，尽管黑发中泛出了银光，但脚步仍然铿锵。经历过这段路程，我仿佛看见很远的地方又停泊着我们的梦想，我们永远在追梦的路上。写在四章前面的四首小诗，便是发自我肺腑的歌唱——但水平很不够，肯定有唱得不着调的地方，祈望读者朋友赐教。

是为后记。

黄富强

2014年12月

参考文献

[1] 邵明立. 加强食品药品监管 促进和谐社会发展[J]. 中国药事, 2006, 20(12): 707.

[2] 邵明立. 实践科学监管 促进社会和谐 努力开创食品药品监管工作新局面[J]. 中国药事, 2007, 21(2): 75.

[3] 吴公平, 廖彬, 罗时, 等. 以科学发展观为指导, 建设新型食品药品检测机构[J]. 中国药事, 2010, 24(11): 1068-1087.

[4] 徐红蕾, 王陪连. 科学检验理念对于打造"中国药检"品牌的意义[J]. 中国医疗器械杂志, 2011, 35(2): 131-133.

[5] 李云龙. 以优质高效的药品检定为科学监管提供技术支撑[J]. 求是杂志, 2009, 17: 58.

[6] 李云龙. 坚持和实践科学监管理念 推动药检事业全面协调发展[J]. 中国药事, 2008, 22(3): 179.

[7] 罗家伦. 科学与玄学 [M]. 北京: 商务印书馆, 2010: 70.

[8] 余冬, 李根池. 医疗器械注册产品标准常见问题分析[J]. 中国医疗器械杂志, 2012, 36(1): 61-63.

[9] 陈爱民. 提高专业技术水平与落实科学监管理念的关系[J]. 中国药事, 2007, 21(9): 711-715.

[10] 范汉杰, 王林, 王冬梅. 树立科学检验理念确保公众用械安全[J]. 中国医疗器械信息, 2011, 10: 62-64.

[11] 洪晓楠. 哲学通论十五讲[M]. 北京: 人民出版社, 2012: 73.

[12] 阮荣炎. 加强药品标准建设促进药品质量提高[J]. 中国食品药品监管, 2007, 6: 63-64.

[13] 段婧婧. 我国药品标准管理现状研究[D]. 陕西: 西北大学, 2012.

[14] 钟敏, 苏新民. 药品检验工作中标准采用存在的问题及建议[J]. 中外医学研究, 2010, 8(27): 157-158.

[15] 张海军. 医疗器械监管相关法律问题研究[D]. 山东: 中国海洋大学, 2011.

[16] 李峻. 全国食品药品监督管理系统设备资源的现状研究[D]. 山东: 山东大学,

严谨相依 永远的职业坚守

2009.

[17] 方奕. 国内外食品安全监督管理研究[J]. 世界农业，2011，(003)：36-39.

[18] 边振甲. 以能力建设为核心全面加强新体制下检验检测工作[J]. 中国药事，2009，23(9)：843-846.

[19] 中华人民共和国国家质量监督检验检疫总局，中国国家标准化管理委员会. 质量管理体系要求[M]. 北京：中国标准出版社，2008.

[20] 吴灿新. 新中国六十年道德建设得失之反思[J].理论前沿，2009，(20)：13-16.

[21] 何薇，王富章. 重点领域廉政风险防控管理和权力运行监控机制建设的研究[J]. 理论学习与探索，2012，2：9-10.

[22] 陈桐. 构建廉政风险防范机制的必要性与实现路径探析[J]. 经济研究导刊，2011，22：216-217.

[23] 雷蒙德·A·诺伊著，刘昕译. 人力资源管理·获得竞争优势[M]. 北京：中国人民大学出版社，2013.

[24] 苏进，刘建华. 人员选拔与聘用管理[M]. 北京：中国人民大学出版社，2007.

[25] 陈浩. 执行力[M]. 北京：中华工商联合出版社，2011.

[26] 国家食品药品监督管理总局法制司. 食品药品监管法律制度汇编 2013年[M]. 北京：中国医药科技出版社，2014.

[27] 法律出版社法规中心. 中华人民共和国食品药品法典（应用版）[M]. 北京：法律出版社，2013.

[28] 林恩·V.福斯特，王春侠，等. 探索玛雅文明[M]. 北京：商务印书馆有限公司，2006.

[29] 丽莎·扬特. 奇异的深海——12位海洋科学家的探索与发现[M]. 上海：上海科学技术文献出版社，2014.

[30] 李成智，周日新. 千年圆梦——征服太空之旅[M]. 北京：北京航空航天大学出版社，2003.

[31] 李时珍. 本草纲目（白话手绘本）[M]. 南京：凤凰出版传媒集团，江苏人民出版社，2011.

[32] 林品石，郑曼青. 中华医药学史[M]. 桂林：广西师范大学出版社，2007.

[33] 钱竞. 社会美[M]. 桂林：漓江出版社，1984.

[34] 本书编写组. 马克思主义哲学十讲[M]. 北京：党建读物出版社，学习出版社，2014.